生物质还原氧化锰矿工艺与技术

朱国才　冯秀娟　张宏雷　编著

北　京
冶　金　工　业　出　版　社
2014

内 容 简 介

本书系统地介绍了生物质还原氧化锰矿工艺原理、动力学特征、工艺设计及工程计算、设备设计及选用等，主要内容包括生物质资源现状、生物质热解过程研究、生物质热解还原氧化锰矿机理及动力学、生物质还原氧化锰矿工艺设备设计及技术、锰矿石中的伴（共）生有益元素利用等，为生物质资源及低品位氧化锰矿资源的利用提供了新思路及基础知识。

本书可供冶金行业特别是锰冶金领域的研究人员、技术人员、企业工作人员，农业科研人员参阅；也可供高校冶金、生物、能源、化学等相关专业的本科生及研究生参考和使用。

图书在版编目(CIP)数据

生物质还原氧化锰矿工艺与技术/朱国才，冯秀娟，张宏雷编著．—北京：冶金工业出版社，2014.4
ISBN 978-7-5024-6585-8

Ⅰ.①生… Ⅱ.①朱… ②冯… ③张… Ⅲ.①生物能源—能源利用 Ⅳ.①TK6

中国版本图书馆 CIP 数据核字(2014) 第 067451 号

出 版 人 谭学余
地　　址 北京北河沿大街嵩祝院北巷 39 号，邮编 100009
电　　话 (010)64027926　电子信箱 yjcbs@cnmip.com.cn
责任编辑 常国平　美术编辑 彭子赫　版式设计 孙跃红
责任校对 郑 娟　责任印制 牛晓波
ISBN 978-7-5024-6585-8
冶金工业出版社出版发行；各地新华书店经销；北京慧美印刷有限公司印刷
2014 年 4 月第 1 版，2014 年 4 月第 1 次印刷
169mm×239mm；12.5 印张；242 千字；187 页
58.00 元
冶金工业出版社投稿电话：(010)64027932　投稿信箱：tougao@cnmip.com.cn
冶金工业出版社发行部　电话：(010)64044283　传真：(010)64027893
冶金书店　地址：北京东四西大街 46 号(100010)　电话：(010)65289081(兼传真)
　　　　　　　(本书如有印装质量问题，本社发行部负责退换)

前　言

　　我国是世界上最大的电解锰产品的生产国和消费国，全国已有近200家电解锰企业，形成了从业人员200多万人、产值约200亿元的产业。2008年我国电解锰产能达到187.9万吨，产量达到113.9万吨，占全球的98.6%；2012年产能为205.6万吨，实际产量为116万吨，我国已经成为名副其实的电解锰生产大国。目前我国电解锰消耗锰矿近1000万吨，加上铁合金冶炼对锰矿资源的消耗，造成我国锰矿资源的全面紧张。

　　截至2007年年底，中国锰矿（矿石）查明锰资源储量7.93亿吨，约占世界陆地总储量的6%。其中，基础储量为2.2亿吨（储量为1.27亿吨），资源量为5.7亿吨。我国锰矿查明资源储量分布于全国23个省、自治区、直辖市，但主要集中在广西（2.81亿吨，占35.5%）、湖南（1.58亿吨，占20.0%）、云南、贵州、辽宁和重庆，合计6.95亿吨，占全国锰矿查明资源储量总量的87.6%。我国的锰矿资源特点是贫锰矿占全国储量的93.6%，就氧化锰矿而言，其品位低于25%的氧化锰矿资源目前还不能直接在工业上大规模应用。

　　与此同时，我国钢铁产能的增加促进了对锰的需求，并形成从21世纪初我国开始大规模进口锰矿的局面，2005年进口量为465万吨，2010年达到了1158万吨，至2011年突破1299万吨，2012年实际进口锰矿1238万吨。进口锰矿以氧化锰矿为主，锰的品位在40%以上，主要用于铁合金生产。全国大多数电解锰厂受资源消耗快的影响，使用的碳酸锰矿品位逐年下降，现在大多数电解锰厂使用的品位已下降到13%左右。这不但增加了企业的成本，同时会增加废渣量，造成企业环保压力加大。有些企业不得不从国外进口碳酸锰矿，如宁夏天元公司 2011 年 6 月单月的进口量达到 8.5 万吨，全国 2011 年上半年碳酸锰矿的总进口量达到了 62 万吨。进口的碳酸锰矿锰的品位在 30% 以下，由于单位金属量运费增加造成进口锰矿成本增加，对于企业而言总的经济利益不会增加。因此，如何将氧化锰（国内外的氧化锰资源）还原为一氧化锰替代碳酸锰作为电解锰的原料，是解决我国电解锰企业资源瓶颈，保证其可持续发展的必要途径。

目前电解锰行业受全球经济，尤其是钢铁业不景气的影响，出现了大面积亏损，但 2012 年中国钢铁业的实际粗钢产量仍达到 7.17 亿吨，相对 2011 年增长 3.1%，钢铁行业对锰的需求仍然巨大。实际上从 2008 年以后，国内已成为电解锰消费的主要对象，2011 年以来 90% 的电解锰消费在国内。可归结为：（1）我国市场对锰矿需求依然巨大；（2）电解锰已成为内需为主的产品。因此要改变电解锰行业目前的局面只有依靠科技进步降低生产成本才能提高企业效益。分析电解锰生产企业的成本分布可以发现，原料锰矿占成本的 1/3 ~ 1/2，在电解锰企业中占主要成本，如何降低电解锰生产中的原料成本一直是企业努力的方向。在我国氧化锰品位高于 40% 的锰含量锰矿处理零资源状态，而锰含量小于 25% 占资源量的 90% 以上，这些低品位矿不能直接用于铁合金工业；这部分矿的价格便宜，目前每吨的价格约为进口高品位矿的 1/4，如能利用这部分矿必将降低成本；同时采用氧化锰作为电解锰原料，由于相对于碳酸锰矿钙镁含量低，可大幅度降低电解生产的酸耗，每吨电解锰酸耗由 3 吨左右降低至 0.5 ~ 0.8 吨，同样达到降低成本的目的；另外，在我国的氧化锰矿物中，尤其储量最大的广西壮族自治区的氧化锰矿，普遍伴生钴和镍，其含量在 0.1% ~ 0.5% 之间，价值与锰相当，有的锰矿伴生银，如果能综合利用又可进一步提高企业的效益。总之要改变锰行业目前的局面首先需要科技为动力将低品位氧化锰矿用作电解锰原料；其次充分考虑资源的综合利用，将锰矿物的有价金属综合回收利用，才能保证电解锰行业的可持续发展。

　　本书作者朱国才十多年来潜心从事生物质还原低品位氧化锰的研究，无论从工艺及设备都取得了具有工业应用前景的研究成果。本书结合作者所带研究生程卓（硕士）、张宏雷（博士），以及冯秀娟（博士后）及赵玉娜老师在反应机理方面的研究成果编写而成。全书由朱国才及冯秀娟负责统稿和主要编写工作，李天成参与编写第1章，刘靖参与编写第2章。希望本书能为我国锰行业生产及锰相关的科研工作提供参考。

　　由于编著者水平所限，书中不妥之处在所难免，敬请广大读者批评指正。

编著者
2014 年 1 月

目　录

1 国内外锰矿及生物质资源现状

1.1 生物质资源现状

随着人口的增长和经济的发展，我国的能源问题已经变得越来越突出。21世纪初到 2020 年我国能源可持续发展的目标为力争达到利用能源消费翻一番，实现国民经济翻两番，具体为到 2020 年一次能源消费总量 30 亿吨标准煤（2010年约为 21 亿吨标准煤）。然而，根据国家统计局数据，2008 年全国一次能源消费总量为 29.1 亿吨标准煤，2009 年已超过 30 亿吨标准煤，比预期时间提前了11 年。

纵观我国的经济发展势头，其能源需求依然会保持强劲的增长。更为严峻的是化石能源并不是可再生资源，中国已探明的石油、天然气、煤炭储量分别只够使用 14 年、32 年和 100 年，全世界石油也只够用 40 年。另外，我国主要的一次性能源消费主要来自于煤炭，2007 年煤炭占一次能源消费比例达 69.5%。烟尘和 CO_2 排放量的 70%、SO_2 的 90%、NO_x 的 67% 来自于燃煤，此外机动车快速增长所带来的污染不断加剧。中国已经是能源消费第一大国和 CO_2 排放第二大国，要求中国限排温室气体的国际压力将越来越大，2020 年以后中国将难以回避温室气体排放限制的承诺。

作为一种洁净而又可再生的能源，生物质是唯一可替代化石能源转化成气态、液态和固态燃料以及其他化工原料或者产品的含碳资源[1,2]。

1.1.1 全球生物质资源量

瑞典农业大学（SLU）能源与技术系开展的一项关于全球生物质能资源的研究揭示，全球生物质作为能源资源的开发潜力足以满足世界能源需求。这项研究认为，来自农业、林业、城市废物及其他工业废料的生物质是位于煤炭、石油和天然气之后的第四大能源来源[3]，如果转化为能源，其生产潜力到 2050 年约为1100～1500EJ 能量单位（EJ，相当于 10^{18}J 或 100 亿亿焦耳）。而根据国际能源署（IEA）的研究，2007 年全球能源消费总量约为 490EJ，到 2050 年可望略超过1000EJ。这意味着，如果全球生物质资源得到充分利用，生物质能至少到 21 世纪中期可以满足世界能源需求。

研究人员认为，目前全世界从生物质获得的能源约 50EJ，只占全球能源消费的10%左右[4]。未来生物质资源的主要潜力来自富余的农业用地和不适合耕作的次级土地。目前，可用作生物质能的农作物生长用地为2500万公顷，只占全世界农业用地面积的0.5%和全球陆地面积的0.19%。从能源作物所需的土地资源量看，世界未来发展生物质能也具有潜力。

1.1.2　我国生物质资源量

我国拥有丰富的生物质能资源。据测算，我国理论生物质能资源为50亿吨左右标准煤，是目前我国总能耗的4倍左右[5]。

在可收集的条件下，中国目前可利用的生物质能资源主要是传统生物质，包括农作物秸秆、薪柴、禽畜粪便、生活垃圾、工业有机废渣与废水等。据1998 ~ 2003年的统计数据估算（《中国统计摘要》、《中国农村能源年鉴（1998—1999版)》），我国的可开发生物质资源总量为7亿吨左右（农作物秸秆约3.5亿吨，占50%以上），折合成标煤约为3.5亿吨，全部利用可以减排8.5亿吨二氧化碳，相当于2007年全国二氧化碳排放量的1/8。由此可见，生物质能作为唯一可存储的可再生能源，具有分布广、储量大的特点，且为碳中性，加强对生物质能源的开发利用，有助于节能减排，是实现低碳经济的重要途径[6,7]。

1.2　全球锰矿资源状况

锰在地壳中平均含量约0.1%，在重金属中仅次于铁而居第二位。锰多以化合物形式广泛分布于自然界，几乎各种矿石及硅酸盐的岩石中均含有锰矿物。锰的主要矿产为氧化锰及碳酸锰矿，是工业产业重要的基础性大宗原料矿产，90%以上用于钢铁工业[8,9]。

1.2.1　全球的陆地锰矿资源

全球的锰矿资源分布很不均匀。世界陆地的锰矿床主要分布在南非、乌克兰、澳大利亚、加蓬、印度、中国、巴西和墨西哥等国家。据美国USGS统计，截至2008年年底世界探明的陆地锰矿石储量、储量基础合计57亿吨（锰金属量，下同），其中储量50亿吨、储量基础52亿吨（见表1-1）。

表1-1　截至2008年年底世界锰矿石储量和储量基础（锰金属量）

国　别	矿石含锰量/%	储量/万吨	储量基础/万吨	合计/万吨
世界总计		50000	520000	570000
南　非	30 ~ 50	9500	400000	409500
乌克兰	18 ~ 22	14000	52000	66000
澳大利亚	42 ~ 48	6800	16000	22800

国 别	矿石含锰量/%	储量/万吨	储量基础/万吨	合计/万吨
加 蓬	50	5200	9000	14200
中 国	15 ~ 30	4000	10000	14000
印 度	25 ~ 50	5600	15000	20600
巴 西	27 ~ 48	3500	5700	9200
墨西哥	25	400	800	1200
其 他		少 量	少 量	

注：资料来自 Mineral Commodity Summaries，6，2009。

全球具有商业价值的锰矿储量为 9 ~ 10 亿吨，95% 以上分布在南非、加蓬、澳大利亚、巴西、乌克兰、中国和印度等国家，其中绝大多数为氧化锰矿石。南非和乌克兰是世界上拥有锰矿资源总量最多的两个国家，南非锰矿资源约占世界锰矿资源的 71.8%，乌克兰占 11.9%。

世界锰矿矿床类型主要有：沉积型、火山沉积型、沉积变质型、热液型、风化型和海底结核-结壳型。高品位锰矿（含锰 35% 以上）资源主要分布在南非、澳大利亚、加蓬和巴西等国家。乌克兰为世界第二大锰矿资源国，储量占世界总量的 11.9%，但 70% 储量的锰矿为碳酸盐型的中低品位锰矿石，碳酸锰矿石含锰仅 16% ~ 19%，且含磷偏高（0.25% 左右），氧化锰矿石含锰约 22% ~ 27%。

1.2.2 全球的海洋锰资源

锰结核是世界大洋底蕴藏的重要潜在资源。锰结核是铁、锰氧化物的集合体（矿石），含有锰、铜、钴、镍等 30 多种金属元素，具有巨大的商业经济价值。锰结核广泛地分布于世界海洋 2000 ~ 6000m 水深海底的表层，而以生成于 4000 ~ 6000m 水深海底的品质最佳。深海海底锰结核约有 4400t/km^2，总储量估计在 3 万亿吨以上，其中锰、铜、钴的储量比其陆地上相应储量要大 1 ~ 3 数量级。太平洋、印度洋和大西洋都有丰富的海锰结核资源，但最有开发前景的地区是太平洋夏威夷群岛的东南部海域。

随着世界陆地锰矿石储量日益减少，人们越来越重视海底锰结核的利用。西方国家，尤其是无陆地锰矿床的国家，如英国、日本、德国、法国、瑞典和加拿大等对海底锰结核进行了广泛的开发研究。20 世纪 80 年代，美国、苏联、日本、德国等国矿产商组成的跨国公司，采用链斗、水力升举和空气升举等方法开采锰结核，日产锰结核 300 ~ 500t。冶炼技术方面，美国、法国、德国等国家建成了日处理锰结核 80t 以上的试验工厂。海底锰结核的开采、冶炼技术已基本成熟，一旦商业上可行，便可形成新的产业，进入批量规模生产。

1.2.3　国外主要产锰国锰矿资源

国外主要产锰国有南非、巴西、澳大利亚、加蓬等国家，其主要锰矿资源介绍如下[10]。

（1）南非。南非是世界最著名的矿业大国，蕴藏有 60 多种具有经济价值的矿产，资源丰富且储量巨大。矿产资源总量占非洲的 50%，居全球第 5 位，许多种矿产储量都位居世界前列。南非拥有世界最丰富的锰矿资源，其储量和高品级锰矿产量居世界之首。截至 2008 年年底，南非锰矿资源储量、储量基础合计 40.195 亿吨，占世界总量的 71.18%；储量基础 40.10 亿吨，占世界总量的 76.19%。均居世界首位。南非锰矿资源主要分布于北开普省、德兰士瓦省，锰矿床主要集中在北开普省西北部的波斯特马斯堡及卡拉哈里锰矿区。该矿区是一南北伸展的小丘陵地带，全长 130km，面积 2331km^2，其中波斯特马斯堡矿区位于南端，卡拉哈里矿区位于北面的库鲁曼（Kuru-man）地区，两大矿区相隔约 45km。波斯特马斯堡及卡拉哈里矿区的巨大锰矿体产于前寒武纪德兰士瓦系变质岩中，共有 4 个含锰矿层。这些原生矿层与白云岩、硅质角砾岩和页岩共生。该矿床是同生的沉积型锰矿床，后经表生淋滤，使锰矿变富。卡拉哈里锰矿区南北长约 45km、东西宽 5~10km，目前拥有工业储量 61.69 亿吨、推测储量 71.15 亿吨、潜在资源量约 102 亿吨。

目前，南非主要锰矿产区是卡拉哈里矿锰矿区，生产优质冶金级锰矿石为主的生产矿区主要包括萨曼科锰业（Samancor Manganese）的马马特旺（Mamatwan）、韦塞尔（Wessels）和霍特泽尔（Ho-tazel）锰矿及米德尔普莱茨、恩契瓦宁（Nch-waning）、格罗利亚（Gloria）、布莱克洛克、桑托和贝尔格莱维亚等锰矿。卡拉哈里锰矿石中分布最广的锰矿物为褐锰矿、硬锰矿、软锰矿和残余古锰土。锰矿石平均含锰 42%，含磷低（0.103%~0.105%），是冶金级优质富锰矿石。此外，以生产化学级锰矿石为主，在南非的东北地区也有锰矿分布，从克鲁格斯多普向西至博茨瓦纳边境，该矿床由德兰士瓦系 Malmani 分组的白云岩风化形成。

（2）巴西。巴西联邦共和国是世界上重要的矿业国之一，其高品级锰矿在世界上久负盛名。巴西锰矿资源分布广泛，在全国大多数的州都发现有锰，主要的锰矿床分布在阿马帕州、米纳斯吉拉斯州（Minas Gerais）、帕拉州（Para）、马托格罗索州（Mato Grosso）、巴伊亚州（Bahia）和戈亚斯州（Gerais）等地区。截至 2008 年年底，巴西锰矿资源储量、储量基础合计 9200 万吨，其中储量 3500 万吨、储量基础 5700 万吨，估计查明资源储量 1.86 亿吨。阿马帕州的锰资源主要是塞腊多纳维奥（Serra Do Novio）锰矿床，矿石储量约 8000 万吨，其中氧化锰 3000 万吨、原生锰矿石 5000 万吨；氧化锰矿石含锰量 40% 以上，原生锰矿石含锰量 25%~31%。西部边陲的马托格罗索州主要为乌鲁库姆（Urucum）锰矿床，储量约5900万吨，据称实际储量要大得多，且正在勘探中，估计锰矿石储量1亿吨；露天开采出矿平均品位41%，主要生产冶金级块矿和化工用锰。帕拉州卡拉加斯（Carajas）地区的米纳多阿祖尔（Azul）锰矿区是目前巴西主要的锰矿山，该矿区有伊加拉普、布里提拉马（Buritirama）、塞纳杜塞莱诺三个锰矿床，锰矿储量5930万吨，其中含锰量在40%的高品位锰矿石储量约4800万吨，是高品级的电池锰矿石。

（3）澳大利亚。澳大利亚是世界主要的高品位锰矿石生产国和出口国。锰矿资源主要分布在北部和西部。澳北部地区卡彭塔利亚湾格鲁特岛的锰矿储量占澳大利亚总储量80%左右；其余主要分布在西澳大利亚的皮尔巴拉和皮克希尔地区，另外在南澳大利亚州、昆士兰州和新威尔士州也有少量锰矿床分布。截至2008年年底，澳大利亚锰矿资源储量、储量基础合计2.28亿吨，占世界总量的4.0%，居世界第三位，其中储量6800万吨。全国查明资源储量约5.4亿吨，其中格鲁特岛的锰矿储量4.3亿吨。格鲁特岛锰矿是澳大利亚最大的原生氧化锰矿床，锰矿石赋存于砂质黏土中的海相沉积矿层中，矿体平均厚度约3m，锰矿物主要为隐钾锰矿，软锰矿、黑锰矿和硬锰矿等，矿石含锰量40%~50%，脉石主要是石英和黏土。格鲁特岛锰矿露天开采，推土机和铲运机剥离，穿孔爆破，反铲装运，重卡运输。锰矿主要为原生氧化锰矿，只需经洗矿和重介质选矿即可获得高品位锰成品矿和粉矿。

澳大利亚一直是我国锰矿砂及精矿的最大供给国。2008年，中国从澳大利亚进口的锰矿砂及精矿达到230.4万吨，占中国总进口量的30.4%，价值额达到11.9亿美元。

（4）加蓬。加蓬是世界著名的富锰矿石和电池级锰矿石产地和出口国。加蓬锰矿资源主要分布在该国东南部莫安达地区，包括斑戈姆贝、奥库马-巴佛拉、米森多、伊伊和布尤贝5个高原成矿地带，是世界上最大的独立锰矿床，其最大锰矿山为莫安达锰矿。截至2008年年底，加蓬锰矿资源储量、储量基础合计1.42亿吨，占世界总量的2.5%，居世界第5位；其中储量5200万吨，储量基础9000万吨。加蓬查明资源总储量4.4亿吨。莫安达锰矿床产于黑色碳质页岩中，属海相陆缘沉积型锰矿床；主要的开采矿体斑戈姆贝矿床中含锰最富的为板状层层状构造，矿体平均厚度5m，地质品位44%以上；矿石类型为氧化锰矿，主要锰矿物为软锰矿、黝锰矿、硬锰矿、隐钾锰矿、黑锰矿等。加蓬莫安达产出的锰矿石，冶金级锰矿石占总产量的95%，其余为加工后的电池锰粉。

1.3　全球锰矿生产、消费、贸易和市场

1.3.1　全球锰矿的生产

国际上通常将锰矿分为主流和非主流锰矿。主流锰矿一般是指含锰量高、来

自锰矿主产地国家南非、澳大利亚、巴西及加蓬的锰矿。而非主流锰矿一般指来自缅甸、印度尼西亚、印度、菲律宾、纳米比亚、摩洛哥等国家的锰矿，其锰矿资源天然禀赋优越，矿床规模大而构造相对简单，多为厚大矿体，矿体产状条件较好，多赋存于近地表或浅部，宜于大规模、大装备、机械化露天开采。

国外锰矿资源露天开采占80%，地下开采仅占20%，生产规模多在100万吨以上，采掘（剥）装备大型化，矿山生产采、掘、运机械化、连续化、自动化程度高，集成高效，通常是推土机、索斗铲和铲运机剥离，穿孔爆破，索斗铲、挖掘机装矿，大吨重卡、皮带机和铁路运输。2007年及2008年全球锰矿产量见表1-2和表1-3。

表1-2　2007年全球锰矿产量　　　　　　　　　（万吨）

国家和地区	Mn＞44%	30%≤Mn≤44%	Mn＜30%	总　计
中　国	0	15	1525	1540
南　非	377.4	181.6	0	559
澳大利亚	507.1	0	0	507.1
加　蓬	333.4	0	0	333.4
乌克兰	0	240.1	0	240.1
巴　西	152.5	11.8	10.2	174.5
印　度	0	201.6	0	201.6
加　纳	0	0	185.4	185.4
哈萨克斯坦	0.7	45.3	56.9	102.9
墨西哥	0	36.4	5.2	41.6
其他地区	29.1	24.6	40.6	94.3
世界总计	1400.2	756.4	1823.3	3979.9

表1-3　2008年全球锰矿产量　　　　　　　　　（万吨）

国家和地区	Mn＞44%	30%≤Mn≤44%	Mn＜30%	总　计
中　国	0	15	1685	1700
印　度	0	206.75	0	206.75
独联体国家	0	315.4	23.98	339.4
亚洲其他地区	515.26	6.23	0	521.5
欧　洲	755.59	305.26	100.28	1161.13
美　洲	229.52	85.13	23.6	338.25
缅　甸	0	35.65	0	35.65
世界总计	1500.37	969.42	1832.86	4302.65

目前全球主要锰矿生产国南非、澳大利亚、巴西、加蓬、加纳、乌克兰主要

有 8 家企业、15 个锰矿山，采矿年生产能力总计 2580 万吨，主要集中在世界 6 大矿业公司，即必和必拓、埃赫曼康密劳、巴西淡水河谷、南非联合锰业、乌克兰 Privat 集团（控股加纳锰业）和西澳联合公司。6 大公司拥有 13 个矿山，年采矿产能规模 2270 万吨，2007 年高品级锰矿产量 1515 万吨，占当年世界锰矿总产量的 38%，几乎控制了全球大约一半的锰矿资源，特别是世界优质富锰矿资源，掌握全球主流锰矿石贸易供应量的 70% 左右，对全球锰矿石市场和价格走势起着举足轻重的作用，在全球商品级主流锰矿资源配置中处于主导地位，主流锰矿贸易主要受这几家矿业公司控制，具有绝对竞争优势，见表 1-4。

表 1-4　2006～2008 年全球 6 大锰矿企业生产情况

国别及控股公司		生产锰矿山	产量/万吨		
			2006 年	2007 年	2008 年
BHP Billition	南非	Mamal wan，Wessels	251.2	254.4	344.3
	澳大利亚	Groole Eylandt	314.1	348.5	331.6
合　计			565.3	602.9	675.9
澳大利亚 CML.		Woodie Woodie	88.8	90.2	
南非 Assmang		Nchw aning	180	182	
巴西 CVRD	Azul	169.2	94.5	200.3	
	Urucum	36.2	27.7	24.6	
	其　他	18.8	11.1	13.5	
合　计			224.2	133.3	238.4
加蓬 Eramel-Comilog		Moanda	300	335	325
Privat 集团加纳锰业公司		Nsula	160	120	
总　计			1518.3	1463.4	

全球最大的矿业（跨国）生产和贸易商是必和必拓，在锰矿开采方面控股了南非马马特旺、韦塞尔和澳大利亚格鲁特岛露天锰矿，锰矿产量由 2004 年的 534.1 万吨增加至 2008 年的 675.9 万吨，年均递增 6.06%；2008 年产量占世界锰矿总产量的 15.71%。

1.3.2　全球锰矿的消费

全球消费锰矿的领域主要是锰系铁合金、电解金属锰、锰的氧化物和锰盐[11]，另外还有富锰渣、炼铁、化工等。锰系列产品中，电解产品（电解金属锰、电解二氧化锰、高锰酸钾）产量仅次于锰系铁合金，但目前的技术问题是氧化锰作为原料占锰矿消费的比重并不大。据测算，目前全球 80% 以上的锰矿（锰金属量）耗用于生产锰系铁合金。

2008 年全球总计消费锰矿 1297.8 万吨，同比增长 4.59%。其中，中国消费 625.7 万吨、欧洲 203.6 万吨、独联体 191 万吨、美洲 84.9 万吨、印度 69.5 万吨、日本 46.9 万吨、亚洲其他地区 76.17 万吨。2008 年，中国涉锰产业消费锰矿石实物量约 2460 万吨，其中锰质合金冶炼耗用进口锰矿约 680 万吨。

1.3.3 全球锰矿的贸易

全球锰矿主要出口国包括南非、澳大利亚、加蓬、巴西、加纳等，见表 1-5。全球锰矿主要进口国是中国、乌克兰、挪威、日本、法国和印度等，见表 1-6。

表 1-5 2007~2008 年全球锰矿出口总量及主要国家锰矿出口量   （万吨）

| 年份 | 全球出口量总计 | 国 别 | | | | | 五国锰矿出口合计 | 五国出口占世界总量/% |
		南非	澳大利亚	加蓬	巴西	加纳		
2007	1533.18	357.20	487.10	285.4	130.60	106.30	1366.60	89.14
2008	1786.4	552.53	400.20	275.68	180.8	105.93	1515.14	84.82

表 1-6 2007~2008 年主要国家锰矿进口量   （万吨）

| 年份 | 国 别 | | | | | | | | | | 十国锰矿进口合计 | 十国出口占世界总量/% |
	中国	乌克兰	挪威	日本	法国	印度	韩国	俄罗斯	西班牙	美国		
2007	663.45	150.24	108.85	109.05	67.85	42.69	66.01	69.73	34.31	60.20	1372.38	90.84
2008	757.12	300.34	123.28	110.61	87.69	82.58	80.80	73.88	68.34	56.40	1741.04	97.46

中国作为世界上最大的锰系铁合金及电解生产国，2008 年中国锰质合金产量 745 万吨、电解锰产量约 150 万吨。我国锰矿石类型繁多、物质组分复杂、品位偏低、杂质含量高，不同类型和含杂各异的锰矿石，其工业用途及消费领域大不相同或各有侧重。因此，我国每年必须进口数百万吨的优质富锰矿：一是满足我国高牌号锰系铁合金，尤其是中低碳锰铁生产的需要；二是进口矿与国内矿搭配使用，以合理充分利用国内贫锰矿资源，中和高矿价，降低原料成本；三是调节入炉料技术要求指标值，达到强化冶炼、增产降耗、改善指标、经济合理生产各种牌号的锰质合金[12]1。

1.4 国外锰矿资源、类型、地质特征

国外锰矿床的类型[13]：早在 1956 年帕克根据成因，将锰矿床分成 5 类；1964 年，瓦伦特索夫根据与锰矿床有关的岩石共生组合，将锰矿建造分为 9 类；1964 年，沙特斯基认为世界大部分锰矿床是火山成因的，而将其分为绿岩硅质组和斑岩硅质组两大类，下分 7 类建造；1976 年和 1969 年，依据成矿作用、锰质来源和共生建造等，将锰矿床分为 3 大类，进一步将其中的沉积锰矿床分为 8 个建造类型[14]。在此基础上，依据成矿作用、含锰建造、锰质来源及成矿条件等因素，将锰矿床分为 5 大类，共 11 个特大型锰矿，并将各类锰矿床基本地质特征汇总列于表 1-7 和表 1-8。

表1-7 世界11个特大型锰矿地质特征

国家	矿床名称	地理位置	成因类型	建造	时代	大地构造及成矿环境	储量/亿吨	品位/%	矿物组合	矿物形态
南非（阿扎尼亚）	卡拉哈里锰矿	波斯特马斯堡北100km	沉积变质（含铁建造型锰矿）	产于佛尔沃特建造底层，含铁建造呈互层，以铁矿为主，以绿片岩为主，硅质角砾岩、页岩共生	前寒武纪（德兰士瓦超群）	泥槽区、浅海沉积区域变质	>30%	碳酸盐矿石27、氧化矿石40~50	褐锰矿、方铁锰矿、菱锰黑硬锰矿	层状、透镜状
南非	皮斯特马斯堡锰矿	东经23°5′南纬28°20′	沉积变质型（含铁建造型部分为堆积型锰矿）	产于佛尔沃特建造底层，含铁建造呈互层，以铁矿为主，以绿片岩为主，硅质角砾岩、页岩共生	前寒武纪（德兰士瓦超群）	泥槽区、浅海沉积区域变质	>30%	碳酸盐矿石27、氧化矿石40~50	褐锰矿、硬锰矿、黑锰矿、方铁锰矿	层状、透镜状
苏联	大托克马克锰矿	乌克兰南部	沉积（海相碎屑泥质岩型锰矿）	以碎屑岩为主与砂岩和泥质岩共生	第三纪渐新世	地台区、浅海海进积含矿层在乌克兰地质南缘海进层序底部	11.1	24	以碳酸盐锰物为主（钙菱锰矿、方解石），少量软锰矿等	层状
苏联	尼科波尔锰矿	东经34°25′北纬47°34′	沉积（海相碎屑泥质岩型锰矿）	以碎屑岩为主与砂岩和泥质岩共生	第三纪渐新世	地台区、浅海海进积含矿层在乌克兰地质南缘海进层序底部	10.6	24	软锰矿、硬锰矿、水锰矿、菱锰矿	层状
加蓬	莫安达锰矿	东经13°17′南纬1°32′	海相火山沉积型锰矿	产于炭质岩与泥质白云岩共生	前寒武纪（弗朗斯维尔群）	泥槽区与海底火山喷发有关	4.1	132亿吨、50~52	碳酸盐锰、氧化锰、锰白云山石	层状、透镜状

续表1-7

国家	矿床名称	地理位置	成因类型	建造	时代	大地构造及成矿环境	储量/亿吨	品位/%	矿物组合	矿物形态
巴西	乌鲁库姆（巴西），冀罗多锰矿，玻利维亚	西经57°33′，南纬19°08′	沉积（含铁建造型部分为锰帽型锰矿）	产于含碎屑岩的条带状赤铁矿型岩中	寒武—奥陶纪	地台区、浅海沉积	3.8	46~54	隐钾锰矿	层状、透镜状
保加利亚	瓦尔拉锰矿	东经27°51′，北纬43°12′	沉积（海相碎屑泥质岩型锰矿）	以碎屑岩为主，与砂岩和泥质岩共生	第三纪渐新世	地台区、浅海进层序下部沉积	2.2	20~35	碳酸锰、锰及硫化锰 氧化	层状
苏联	恰图拉锰矿	东经43°17′，北纬42°15′	沉积（海相碎屑泥质岩型锰矿）	海绿石黏土、砂质页岩	第三纪渐新世	地台区沉积，产于齐尔街景地块边缘、海进层序底部	2.2	20~35	氧化锰、碳酸锰 混合	层状、透镜状
澳大利亚	格鲁特岛锰矿	该岛的西部和西南部一带	沉积（海相碎屑泥质岩型锰矿）	产于砂质岩黏土岩内	下白垩纪	地台区、浅海进层序下部沉积	1.9	40~45	隐钾锰矿（硬锰矿为主的高价变种）	层状
印度	中央邦—马拉哈，拉施特拉邦锰矿	东经79°30′，北纬21°	沉积变质（榴石英型锰矿）	产于绿角闪岩中（原岩为泥质碎屑砂岩）	前寒武纪（蓬萨尔组）	地槽区域变质	1.5	>45	褐锰矿、锰铝榴石、蔷薇辉石	层状、透镜状
苏联	卡拉扎尔尔铁锰矿	东经71°38′，北纬48°42′	海相火山沉积型锰矿床（受轻微区域变质）	产于硅质-碳酸盐岩与泥岩、粉砂岩、碧玉质页岩、凝灰岩共生	下泥盆—石炭纪	地槽区与海底火山喷发有关	1.5（锰矿储量）	21~29（Fe 2~12）	氧化锰为主，碳酸锰次之	层状、透镜状

表1-8 国外锰矿类型及基本特征

大类	储量比例/%	类型	大地构造及成矿环境	含矿岩系	主要成矿时代	矿床规模	矿体形态	矿物组合	矿石品位/%	实　例
海相沉积矿床	40	海相碎屑泥质岩型（陆源建造伴生）	地台区，主要为浅海渐进海进层序	陆源碎屑岩系，主要为砂泥岩共生	早第三纪、白垩纪	中型以上、大型、特大型	层状、大透镜状	软锰矿、硬锰矿、菱锰矿、隐钾锰钡镁锰矿、水锰矿	一般为20~35	尼科波尔、大托克马克、恰图拉（苏）（格鲁特岛（澳）、瓦尔拉（保）
		海相碳酸盐岩型（碳酸盐建造）	地台区或地槽区海进层序	碳酸盐岩系和碳源陆源主要为灰岩白云岩	白垩纪、三叠纪、二叠纪、石炭纪、寒武纪	中、大型	层状、镜状	菱锰矿、锰方解石、软锰矿、蔷薇辉石	20~30	伊米尼（摩）、乌萨、乌卢捷亚克（苏）
火山沉积矿床	9	绿岩-硅质岩型	地槽区，成矿与海底酸性火山岩发生作用有关	火山沉积岩系，基性火山岩及碳酸盐岩共生	早第三纪、三叠纪、石炭-寒武纪、前寒武纪	中、小型为主	层状、透镜状、囊状	褐锰矿、黑锰矿、蔷薇辉石、硬锰矿、软锰矿、硫锰矿	25~35	绿岩建造：奥林匹克半岛（美）、马格尼托哥尔斯克（苏）、奥沃省（古）；碧玉建造：横根石（日）、帕塞特峜（瑞士）、弗朗丙斯坎（美）；硅质岩建造：比里米安（马）、莫安达（加）、马达加半岛（加纳）（苏）；
		斑岩-硅质岩型	地槽区，成矿与海底酸性火山岩发生作用有关	火山沉积岩系，性火山碳酸盐岩共生与其唯酸性火山岩有关	前寒武纪、石炭纪、白垩纪、沉盆纪	层状、透镜状、囊状	褐锰矿、黑锰矿、隐钾锰矿、软锰矿、水锰矿	30~35，富者可达40~50	斑岩建造：朗斑（摩）、伊内（摩）、提奥杜科金博省（智）、尔诺尔（苏）；硅质页岩建造：卡拉扎尔、阿塔（苏）

续表1-8

大类	储量比例/%	类型	大地构造及成矿环境	含矿岩系	主要成矿时代	矿床规模	矿体形态	矿物组合	矿石品位/%	实例
变质矿床	50	锰榴石英岩型	分布于古老地台地区，形成于地槽或地槽环境	绿片岩相变质岩系、石英岩、碳酸盐及变质火山岩共生	前寒武纪为主	中、大型	层状、透镜状	解石、软锰矿、蔷薇辉石、碱硬锰矿、锰方石、褐锰矿、方铁锰矿、铝锰石、隐钾锰矿	24~45	塞拉多拉维奥（巴）、中央邦和马特拉邦、恩苏塔（加纳）、基森盖（印）
		条带状含铁建造型	分布于古老地台区，形成于地槽环境为主	绿片岩系、与含铁建造、白云岩、页岩共生	前寒武纪、下古生代	大、特大型	层状、镜状	褐锰矿、黑锰矿、锰尖晶石、硬锰矿、软锰矿、方铁锰矿、菱锰矿	30~50	卡拉哈里、斯特马斯堡（南非）、皮尔巴拉（澳）、莫罗多-乌罗库姆（巴）、米拉斯（巴）
热液矿床	1	接触交代型	成矿受接触带控制与酸性岩有关	含锰酸盐和含锰碳酸盐岩共生	主要与华力西期岩浆活动有关	中、小型	不规则状、透镜状、似层状、巢状	蔷薇辉石、微晶石、褐锰矿、硬锰矿、软锰矿、菱锰矿	25~35	萨帕尔（苏）、依米尔（苏）、古姆列依（法）、比尤特兰克林（美）、美端
		裂隙充填型	成矿受断裂带控制与酸性岩有关	含锰碳酸盐岩系			脉状、囊状	菱锰矿、软锰矿、硬锰矿、隐钾锰矿、褐锰矿	30	马祖尔（苏）、多拉维奥（巴）、乌鲁库姆、恩苏塔（加纳）
风化矿床	分别列于各原生矿统计	锰帽型	原生锰矿床经风化系或经风化、淋滤和堆积作用富矿	含锰岩系原生矿或氧化带	新生代为主	中、大型	似层状、透镜状	软锰矿、硬锰矿、隐钾锰矿	30~40	尼科拉斯（南非）、波斯特马斯堡（澳）
		残积型	原生锰矿床或含锰岩系经风化淋滤和堆积作用富集成矿	残积层或红土层		大小不等	扁豆状、巢状、不规则状	软锰矿、水锰矿、恩苏塔矿	40	卡哈里（南非）、尼科波尔（苏）
		淋滤型	含锰岩系锰矿或其原生矿附近及远处构造有利部位富集	含锰岩层锰矿或原生矿			巢状、不规则状、脉状	硬锰矿	贫富不等	

1.4.1 海相沉积锰矿床

海相沉积锰矿床是锰矿床中工业意义最大的类型之一，占世界锰总储量的40%，矿床规模大，但矿石品位偏低，一般形成于地台区或地槽区的稳定地带，沿古陆边缘呈带状展布，矿体产出稳定，有一定层位，呈层状或透镜状，含矿层中常含有海相生物化石，矿石中富含钡、硼、钙、钴、铅和锌等元素。矿床受岩相古地理条件限制，由沿岸向海盆深处，岩相按碎屑岩—泥质岩—碳酸盐岩序列分布，相应的锰矿物相按锰氧化物相—混合相—锰碳酸盐相序列变化[15]。按锰矿共生的岩系岩性不同，可分为海相碎屑岩型与海相碳酸盐岩型。

前苏联的尼科波尔锰矿为海相碎屑泥质岩型，位于乌克兰地盾南缘早第三纪渐新统，底板为正长石石英砂岩。顶板为海绿石黏土层，矿层呈层状，厚1.2～2.5m，连续分布，由北而南分别以氧化物、混合型和碳酸盐三个矿石矿物带产出，经地表风化淋滤作用，形成氧化矿石和含水矿石，锰含量增加，成为富矿。此外，前苏联的大托克马克锰矿、恰图拉锰矿、波鲁诺奇等锰矿、曼什拉克锰矿、拉巴锰矿等[16]和澳大利亚产于早白垩世原生氧化锰的格鲁特岛锰矿及保加利亚的瓦尔钠锰矿均属此型。

海相碳酸盐岩型以摩洛哥的伊米尼锰矿为典型[17]，矿床产于白垩系上统，赋存于砂质黏土岩与白云岩接倾部位及白云岩中，矿体呈层状、透镜状，有三层，以上层为主，中、下层矿不稳定，单层厚不足1m，矿石主要由软锰矿、钡硬锰矿、隐钾锰矿、黑锰矿等组成。同类型的有墨西哥莫兰戈[17]、前苏联的乌萨和乌卢-捷亚克[14]等锰矿床。

1.4.2 海相火山沉积锰矿床

海相火山沉积锰矿床往往产于含有熔岩或凝灰岩的沉积岩系之中，其火山喷发通常发生在地槽形成的初期阶段[17]。锰可以氧化物、碳酸盐和硅酸盐的形式出现，具工业意义的锰矿形成于火山喷发间歇期，且远离火山活动中心的海盆环境中，矿体产出有一定层位，但稳定性较差，呈层状、透镜状及囊状。矿床规模远远小于沉积锰矿床，大型较少，一般为中小型，但矿床分布广泛、数量多。按共生的火山岩岩性可分为绿岩-硅质岩型（与基性岩有关的岩石共生）和斑岩-硅质岩型（与酸性岩有关的岩石共生），其中前者进一步分为绿岩建造、碧玉建造和硅质页岩建造，后者进一步分为斑岩建造和硅质页岩建造。

作为绿岩-硅质岩型的加蓬莫安达锰矿区[18]，为火山沉积型锰矿唯一的特大型矿床，其矿石之富（品位高达50%）居世界锰矿之首，锰矿床产于上前寒武系弗朗斯维尔统，主要矿床如斑冈比、奥库马和巴佛拉等均产于区内，矿体位于黑色碳质页岩和白云岩层之上。锰矿石主要为氧化锰，是由原生的含锰碳酸盐页岩，经表生富集作用的结果。

美国的奥林匹克半岛锰矿产于早第三纪始新世，由细碧岩、辉绿岩、杂砂岩、红色灰岩、泥质岩及碧玉等组成[17]。

前苏联阿塔苏地区的卡拉扎尔[14]为斑岩-硅质岩型（铁）锰矿床，属特大型规模。含矿岩系由泥灰岩、粉砂岩、碧玉、凝灰岩和层凝灰岩组成。矿体呈扁豆状，铁矿在上，与硅质岩（碧玉）共生，锰矿在下，与碳酸盐岩共生，局部见铁和锰矿体有相变的现象。锰矿石以氧化物为主，少量碳酸盐变质锰矿床[15]。该类矿床工业意义最大，约占各类锰矿总储量的 50%。矿床系由沉积型和火山沉积型锰矿，经受区域变质作用形成，随变质作用强弱而其结果相异：在高级变质带，原生氧化锰矿物和碳酸锰矿物转变为锰的硅酸盐矿物，形成褐锰矿、黑锰矿、黑镁铁锰矿、锰铝榴石、蔷薇辉石、锰铁祖石等，其含锰量下降，矿石质量变差，工业价值降低，往往需经表生风化作用，锰质富集，矿床才具较大工业意义；在低级变质带，使原生的高价氧化锰、氢氧化锰脱水重结晶转变为无水低价氧化锰（褐锰矿、方铁锰矿），含锰量增高，工业价值更大。该类锰矿床可分为锰榴石英岩型和条带状含铁建造型。

印度的中央邦和马哈拉施特拉邦锰矿带产有典型的锰榴石英岩型锰矿[16]。矿带自东西向分布，长 200km，宽 20km，产有近 20 个主要矿床，锰矿体赋存于索萨群中部的曼萨组内，有三个层位，个别居该组的底、中和顶部，呈层状透镜状产出，常与石英岩呈互层，条带状锰氧化物矿石和含锰硅酸盐矿石整合地夹于绿片岩相和角闪岩相的岩石中。此外，巴西的塞拉多纳维奥[19]、加纳的思苏塔[17]和扎伊尔的基森盖锰矿均属该类。

条带状含铁建造型锰矿的代表矿床产于南非的卡拉哈里和波斯特马斯堡，矿带南北延伸长达 230km，总计储量在 30 亿吨以上，锰矿赋存在前寒武纪德兰士瓦系变质岩中，有四个含矿层位，原生锰矿层主要与白云岩、硅质角砾岩、页岩共生，与铁矿呈互层。沿走向与含铁建造相变明显。原生碳酸盐锰矿为含锰量小于 30%，经地表风化淋滤富集作用而成的氧化矿石，品位达到 40% 以上[17]。澳大利亚的皮尔巴腊、巴西的米纳斯青拉斯和乌鲁库姆（也有认为产于寒武—奥陶纪）[17]等锰矿均属该型。

1.4.3 热液锰矿床

热液锰矿一般规模不大，经济意义小，其与岩浆活动密切相关，构造发育和碳酸盐岩层或含锰地层为成矿有利条件，矿体呈不规则状、脉状和囊状。矿床往往与磁铁矿矿床和有色多金属矿床伴生，可综合利用。按成矿作用方式可分为接触交代型和裂隙充填型。在苏联、美国和日本等都有该类矿床产出。

1.4.4 风化锰矿床

风化锰矿系由各种类型的锰矿床或富锰岩层经地表氧化分解、淋滤和堆积等作用而形成，使矿石锰量增加，贫矿变富，富矿更富，其规模大小不一，矿体往往产于地表浅层部位，便于开采。具有潮湿和高温的气候、准平原化的古地貌、丰富的矿源层和稳定而长期的风化作用为成矿有利条件。按成矿条件和部位可分为锰帽型、残积型及淋滤型锰矿床。

这类矿床规模的大小常与原生的锰矿或含锰岩石的规模和岩性、氧化作用的强度和时间、锰质再堆积和保存的条件等因素有关。

该类锰矿几乎遍及世界各锰矿床之中，加蓬莫安达锰矿的次生氧化矿石可达2亿吨之多，巴西阿马帕和莫罗多-乌鲁库姆锰矿、南非约波析特马斯堡和卡拉哈里、苏联的尼科波尔锰矿等都有大小不等的该类锰矿床产出[17]。

1.5 我国锰矿资源现状

1.5.1 我国锰矿资源特点

截至 2007 年年底，我国锰矿（矿石）查明锰资源储量 7.93 亿吨，约占世界陆地总储量的 6%，其中基础储量 2.2 亿吨（储量为 1.27 亿吨）、资源量为 5.7 亿吨。我国锰矿查明资源储量分布于全国 23 个省、自治区、直辖市，但主要集中在广西（2.81 亿吨，占 35.5%）、湖南（1.58 亿吨，占 20.0%）、云南、贵州、辽宁和重庆，合计 6.95 亿吨，占全国锰矿查明资源储量总量的 87.6%。我国的锰矿资源特点是贫锰矿占全国储量的 93.6%，就氧化锰矿而言，其品位低于 25% 的氧化锰矿资源目前还不能直接在工业上大规模应用。

我国已探明锰矿资源主要特点[20]：（1）贫矿多，富矿少。平均品位 22%，低于世界平均品位 10 个百分点，品位不低于 48% 的国际商品级富锰矿石资源量为零。达到我国制定的富锰矿石标准（氧化锰不低于 30%、碳酸锰不低于 25%）的资源，也仅占探明资源/储量的 6.7%，大多数为贫锰矿。（2）产地多，规模小。全国已发现和勘查的锰矿区绝大部分是小型矿床，资源/储量超过 1 亿吨的仅 1 处，大于 2000 万吨的 5 处，200~2000 万吨的中型矿床 54 处，其余均为小型矿床。（3）矿石质量差。高硅、高磷、高铁的锰矿石占较大的比例。矿石结构复杂、粒度细、难选冶。（4）锰矿的地理分布极不均匀。我国锰矿资源的 86% 集中于中南区和西南区，广西、湖南、贵州、重庆、云南和辽宁 6 省（区）占全国储量约 90%，其中广西约占全国总储量 38%。（5）利用条件差。我国锰矿规模偏小，难以充分利用现代化工业技术采掘，适合露采的矿区 69 处，需地下开采的原生矿大多矿层薄、倾角缓、埋深大。

由于我国锰矿资源已探明的可采储量有限，且矿石品位低、质量差，国产锰矿石满足不了冶金工业发展需要。钢铁工业的迅猛发展，对锰矿石的需求急剧增长，国产锰矿石供不应求，加上国产商品矿石品位偏低，自 1983 年开始，从国外进口富锰矿石（粉）。进入 21 世纪后，锰矿石进口量急剧上升，从 2001 年的 171.1 万吨，上升到 2012 年达到创纪录的 1238 万吨（"干矿"，折算"净矿"为 510 万吨），对外矿的依存度达 62%。严重依赖国外矿的局面持续，将势必危及国家的经济安全。

1.5.2　我国锰矿地质特征

国外锰矿床主要可划分为两个成锰时代：第一成锰时代相当于早元古代（22~18 亿年前）；第二成锰时代是新生代，锰矿的形成时代与阿尔卑斯构造-岩浆旋回有关。我国锰矿床几乎在各个时代都有生成，从中晚元古代、古生代、中生代，甚至第四纪都有锰的堆积（见表 1-9）。

表 1-9　我国锰矿床的地质时代分配

成矿时代	相对比例图	比例/%	代表性矿床
	0　　10　　20　　30		
第四纪		9.44	桂平木圭
三叠纪		10.11	斗　南
二叠纪		11.67	遵义铜锣井
石炭纪		4.65	乐　华
泥盆纪		26.67	下　雷
奥陶纪		1.47	轿顶山
寒武纪		0.18	大　茅
震旦纪		27	湘　潭
蓟县纪		8.7	瓦房子
长城纪			东水厂
其　他		0.11	银　山

我国的锰矿成矿期演化主要表现在中晚元古代锰矿形成后（燕辽沉降带），锰矿的沉积转移到南方，从震旦纪早期的鼎盛时期即进入低潮，至古生代泥盆纪

晚期开始再次达到兴盛时期，锰的沉积物遍布湖广等地，以后锰矿的堆积又缓慢减少，晚三叠世后就没有锰矿堆积了。

我国的锰矿地质特征是：（1）扬子地台周边锰矿成矿及时空演化规律受控于中国南方古大陆边缘构造演化进程，并受大陆边缘海域性质和成锰盆地环境的支配。扬子地台周边锰矿成矿时代经历了中-晚元古代、震旦纪-早古生代、晚古生代-早中生代三大地史阶段。优质锰矿主要发育在中-晚元古代、中-晚奥陶世、中-晚三叠世的含锰层位中。确认次稳定型建造是扬子地台周边最重要的含锰建造系列，主要含锰建造多出现在低速率、欠补偿的拉张断陷盆地中。许多重要含锰层位常常出现在最大海泛期形成的"凝缩层"段。（2）扬子地台周边成锰盆地主要形成于离散环境，可划分成拗拉槽、被动陆缘裂谷、转换-拉张裂谷、内克拉通盆地、残留洋盆地、弧前盆地、弧后盆地、弧间盆地等8种主要成锰盆地，其基底多为过渡型地壳。板块之间的背向拉张和深断裂带的转换拉张活动引起的离散作用是成锰盆地形成的主要动力学机制，多数具有工业意义的锰矿床分布在离散型成锰盆地中。根据含锰岩系形成的构造-沉积环境、岩石组合及地球化学特征，将各成锰时代形成的锰矿层及其所赋存的含锰围岩，划分为6种含锰岩系，优质锰矿主要赋存在含锰杂色泥质岩系、含锰硅质/硅泥灰质岩系、含锰碳酸盐岩系、含锰火山-沉积岩系中。（3）根据成锰作用的时空演化特点，将扬子地台周边锰矿划分为5大成矿域，即1）晋宁期扬子地台增生边缘锰矿成矿域；2）加里东期扬子地台被动大陆边缘锰矿成矿域；3）海西—印支阶段扬子—华南被动大陆边缘锰矿成矿域；4）扬子地台西缘特提斯构造锰矿成矿域；5）喜山期华南表生氧化锰矿成矿域、按成矿环境、成矿条件和地质特征等因素，将锰矿床成因类型划分为沉积、变质/受变质、氧化等3大类，11个亚类。（4）通过含锰岩系地质地球化学特征、岩石、矿石中微量元素组合、稳定同位素组成和稀土元素配分形式等多种地质地球化学信息的综合研究，表明扬子地台周边多数锰矿床具有"内源外生"特点。Mn、P 分离的热力学计算及实验表明：物源区岩石受热液、热水、海水、地表水等浸取时，溶液的 pH 值是决定 Mn、P 分离的主要因素。沉积海盆中含锰溶液 pH 值的周期变化，是 Mn、P 分离与沉淀的决定因素。磷和菱锰矿的沉积，具有不同的物化条件，当 pH = 4.46 时，磷酸钙开始沉淀，pH = 7 时，溶液中80%以上 P（以胶磷矿和磷灰石的形式）沉淀。而菱锰矿只有 pH = 7.78 时才开始沉淀。因此，中性和弱碱性环境是 Mn、P 分离、沉淀的有利条件，而 Eh 值对矿物共生组合具有一定的控制作用。（5）在研究锰质来源、成矿环境、成矿机理的基础上，根据成矿时代、构造位置、沉积海域和盆地性质、含矿岩系特征、矿床系列、元素组合、矿床成因类型、矿床吨位规模、优质锰矿产出状态、矿床矿带的区域分布等要素分别建立了晋宁阶段、加里东阶段、海西-印支阶段海相沉积锰矿的区域成矿模式，在重点成矿区带建立了典型矿床成矿模式。根据区域成矿环境、成矿地质条件和矿床矿带的时空分布规律，将扬子地台周边划分为 5 个 I 级成矿域、13 个 II 级成矿区和 30 个 III 级成矿带。

1.6　我国主要省份的锰资源状况

我国主要省份的锰资源状况介绍如下。

1.6.1　云南省的锰资源状况

云南是我国富锰矿物的主要产地，其资源情况如下[21]：截至 2005 年年底，云南已查明独立锰矿床的锰矿资源储量 4345 万吨，保有锰矿资源储量 3170 万吨（另查明个旧砂锡矿区伴生的极低品位锰矿石资源储量 7586 万吨，其保有资源储量 5945 万吨），其中经济的基础储量 1204 万吨。云南锰矿在国内的最大特点是富矿比例大，全国锰矿以贫矿为主，云南锰矿以优质、富锰矿为主，云南优质、富锰矿保有资源储量占全国保有优质、富锰矿资源储量的 50% 以上（全国 4000 多万吨，云南达 2000 多万吨）。

云南锰矿在国内优势明显：（1）矿床规模大，储量相对集中。在全国储量大于 1000 万吨的 14 个锰矿床中，云南就占两个，即斗南锰矿和白显锰矿；全省的 7 个中型锰矿床中，滇东南集中了 4 个。（2）云南锰矿品位高、杂质低，具有高锰、低磷、低铁、低硅、碱度适中的特点。（3）平均锰铁比大于 5、磷锰比小于 0.1005，其品质在国内属中上水平，是生产高、中、低碳锰铁的优质原料。（4）是易于选别、烧失量高。云南锰矿可选性能良好，属易选可选，且选矿方法简单。经强磁机一粗二扫选别作业，锰矿石品位可以提高 6~11 个百分点。精矿焙烧以后可以提高锰矿石品位 7~9 个百分点，锰的回收率达 76%~94%。

综上所述，云南锰矿尤其是优质锰矿、富锰矿在全国的优势突出，锰矿资源的天然禀赋尚佳。

云南锰矿的分布特征为：（1）地理分布特征。云南锰矿点多面广，已经发现和探明独立锰矿床（点）50 余处，具有矿床（点）分布广泛且储量相对集中的特点，主要分布于滇东南、滇西北、滇西南、滇东北和滇中五大区域。其中，优质锰矿、富锰矿主要分布于滇西北、滇东南和滇西南地区，贫锰矿、铁锰矿及高磷（P>0.11%）锰矿主要分布在滇中和滇东北地区。（2）矿床分布特征。在大地构造位置上，云南锰矿多见于台缘构造单元的复合部位，其展布受古地理、古构造控制。如鹤庆锰矿产出于扬子地台西缘盐源丽江台褶带西缘南侧，西邻三江地槽，东邻康滇地轴，处于构造单元间的归并、重叠、复合部位；斗南锰矿和白显锰矿地处华南褶皱系滇东南台褶带，分别靠近越北古陆和哀牢山隆起边缘产出，其西边为康滇古陆；勐宋锰矿位于扬子地台西缘三江地槽系兰坪—思茅地槽与保山—临沧断褶带的复合部位。

云南锰矿的地质特征为：（1）成矿地质背景。云南地处扬子准地台西缘、濒临欧亚板块与印度板块的碰撞结合部。多期次频繁的构造运动、地质作用、岩浆活动和复杂漫长的地史演化进程，为锰矿的形成提供了良好的成矿地质条件和聚矿场所，历经多个成锰期形成了丰富的锰矿资源。（2）矿床成因类型。云南锰矿主要有陆缘滨海湖相沉积-变质（改造）型、风化型、基底型和热液型四个成因类型，其中以沉积-变质（改造）型最为重要。（3）时空分布特征。云南锰矿的主要成锰期分属于两个地质时代（元古代、中生代），有前寒武纪、泥盆纪、奥陶纪、二叠纪、三叠纪及第四纪六个成锰期。其中，三叠纪及前寒武纪是云南优质锰矿、富锰矿的主要成锰期，斗南锰矿、白显锰矿、鹤庆锰矿和勐宋锰矿分别赋存于三叠系法郎组、松桂组和澜沧群巴液组地层中；前寒武纪昆阳群是云南铁锰矿的主要成锰期，玉溪莫期黑、易门打谷场、建水李浩寨、禄丰禄脿等铁锰矿床均产于昆阳群黑山头组、美党组地层中。（4）矿石自然类型。按照矿石结构、构造、颜色、成因等划分，云南锰矿的矿石类型可划分为次生氧化锰矿石、原生氧化锰矿石、碳酸锰矿石和锰结核。

1.6.2 陕西

陕西省已探明的锰矿储量在 2010.7 万吨以上，位居全国锰矿储量的第 7 位，主要分布在南部汉中市（勉县、略阳县、宁强县、镇巴县、西乡县等）和安康市（紫阳县、旬阳县等），少量分布在关中渭南市[22]。具体资源分布情况见表1-10。

表 1-10　陕西省锰矿产资源分布情况

行政区域	矿带名称	矿床类型	矿石类型	保有储量/万吨
汉中市（地区）	南秦岭锰矿带	小　型	低磷碳酸锰矿	10.65
	中秦岭锰矿带	中、小型	低磷碳酸锰矿	868.01
	摩天岭锰矿带	中、小型	褐锰矿	544.41
	天巴山锰矿带	中、小型	低磷碳酸锰矿	489.38
	其他锰矿带	中、小型	褐锰矿	161.40
安康市（地区）	其他锰矿带	中　型	氧化锰矿	149.68
渭南市（地区）	其他锰矿带	小　型	氧化锰矿	15.25
合　计				2238.78

注：表中数据来源于 1988 年公布的地勘资料。

陕西省锰矿资源的特点：

（1）矿床成因复杂。陕南锰矿床的成因类型以海相沉积型和沉积变质型为主，分别属优地槽、冒地槽和地台型；在成矿时代上分别为蓟县纪、震旦纪和寒武纪，具有多成因、多时代、多层位的矿床分布特点。

（2）矿床规模小，分布广。矿床以中小型为主。由秦岭和巴山含锰岩系形成四大锰矿带，主要分布在汉中市属的 6 个县，少数在安康市。矿体多呈层状、似层状、扁豆状，开采条件良好[17]。

（3）矿石品种齐全，品位较低。主要矿石有低：磷碳酸锰矿、高磷碳酸锰矿、褐锰矿和氧化锰矿[25]。工业类型以宁强县黎家营的褐锰矿和镇巴县屈家山的低磷碳酸锰矿为代表，矿石的平均品位在 20% 左右，属贫矿类型，矿物粒度和集合体的粒度较大，矿物的选别性良好，易形成采矿、选矿及深加工的产业格局，具有良好的工业价值。

1.6.3 甘肃省的锰资源状况

甘肃省属资源型经济省份之一，有色金属、贵金属资源探明矿种齐全，储量丰富，具有比较优势。镍、钴和铂族保有储量居全国首位。但甘肃的黑色金属资源相对贫乏，特别是锰资源十分短缺，属贫锰省[26]。因此，本小节着重从甘肃锰资源现状、基本特点、主要类型，以及今后的找矿方向等问题进行初步的探讨，以期有新的发现和突破。

甘肃锰资源相对短缺。据统计，甘肃已发现锰矿床矿（化）点 31 处，估算 334 级以上资源量产地 10 处，均为中小型或其以下矿（点）床。锰资源储量居全国第 15 位，累计探明基础储量 221kt、资源量 1983kt、资源储量 2204kt。具体资源分布情况见表 1-11[27]。

表 1-11 甘肃锰矿资源分布情况一览表

地质地理分区	规模				合 计
	中型矿	小型矿	矿 点	矿化点	
北山地区		3	5		8
祁连山地区		5	9	4	18
西秦岭地区	1	1	2	1	5
合 计	1	9	16	5	31

甘肃锰矿资源基本特点为：（1）地理分布不均匀。甘肃锰矿主要分布在北山的玉石山-马鬃山、北祁连西段黑峡口—掉石沟和中段天祝—永登、中祁连雾宿山—兴隆山、西秦岭文县沟岭子—赵家咀等地，白银地区锰矿资源也不很多，甘南地区锰矿资源几乎没有。（2）矿床成因复杂。甘肃锰矿床的成因类型以沉

积变质型为主，沉积型和火山沉积型次之，分属不同的构造单元，在成矿时代上分别为前震旦纪、震旦纪、寒武纪、奥陶纪、志留纪、二叠纪、第三纪等，具有多成因、多时代、多层位的矿床分布特点。（3）目前仅发现中型矿床 1 处、小型矿床 9 处，多以矿点为主。矿体多呈层状、似层状、扁豆状产出，分布相对集中，且锰矿床多位于交通干线附近，便于开发利用。（4）矿石品位不高，但选别性好。甘肃锰矿石平均品位在 20% 左右，符合国际商品级的富矿石（Mn≥48%）几乎没有，以贫矿为主。虽品位一般不高，但矿物粒度和集合体粒度一般较大，矿物选别性能良好，易形成采矿、选矿及深加工的产业格局，具有良好的工业价值。甘肃锰矿石普遍磷和铁含量高，另外含钴、镍、铅、银、锡、铟及硼，成分复杂。

甘肃锰矿分为 5 种主要类型：（1）沉积型。含锰的岩系主要以陆源碎屑-黏土岩建造为主，有明显的相变现象，产于碳酸盐岩、硅（硅泥质）质岩、泥质岩系中的锰矿床，代表性矿床（点）有安西县大洪山锰矿、肃北县马鬃山锰矿、永登县中堡下湾锰矿、永昌县红泉北铁锰矿、民乐县庄子沟锰矿。（2）火山沉积型。本类矿床与火山岩关系十分密切，含矿以火山岩和火山碎屑岩为主。矿化受断裂破碎带或韧性剪切带控制。代表性矿床（点）有榆中县羊寨铁锰矿、肃南县扁马沟锰矿、永靖县陈井乡年家湾锰矿（小型）、高庙锰矿、下圈锰矿、西坪锰矿、梯子崖锰矿。（3）沉积变质型。常产于某些特定层位，明显受到后期改造作用和断层控制，矿体呈似层状、层状或透镜状产出，随褶曲变化而起伏，矿化蚀变不均一。代表性矿床（点）有文县临江沟岭子锰矿（中型）、赵家咀锰矿（小型）[28]、肃北县黑峡锰矿（小型）、肃北县玉石山南锰矿（小型）、天祝县下兰门石铁锰矿（小型）、肃南县寺大隆锰矿、白银市牌楼沟锰矿、榆中县小石台锰矿。（4）热液型。热液型矿床是指成矿作用发生在热流体中的矿床。锰矿化主要产于含矿建造中或其附近构造裂隙中，由热液交代形成。少量锰矿化也分布于外接触带围岩中，受次级断裂、节理裂隙的控制。代表性矿床（点）有金塔县野马井锰矿（小型）、肃北县 3019 锰矿、肃北县掉石沟锰矿、永昌县馒头山铁锰矿、永昌县红泉北铁锰矿、山丹县深井沟西铁锰矿。（5）风化壳型。风化壳型矿床是指地壳表层岩石（或矿床）经风化作用而形成的矿床。代表性矿床（点）有敦煌县苦泉锰矿、大水锰矿、红柳西锰矿、白川铁锰矿、景泰县傅家磨湾、宕昌县上拉子锰矿。

1.6.4 贵州省的锰资源状况

贵州锰矿资源相对较为丰富。其中铜仁地区是贵州锰矿的主产区，锰矿资源主要分布在松桃、铜仁万山、印江县（市、区）。锰矿赋存于南华系下统大塘坡组地层中，产出层位稳定，分布范围较广，资源储量较丰富[29]。

黔东北地区[30]是湘、黔、渝、鄂锰矿成矿区的主体部分，大地构造位于扬子陆块东南被动大陆边缘。区内构造以 NNE 微小褶皱、断裂为主，地层发育齐全，除泥盆系、石炭系地层缺失外，中元古界梵净山群至中生代地层均有出露。沉积菱锰矿床主要赋存于下震旦统大塘坡组，下伏地层为下震旦统铁丝坳组。

遵义锰矿[31]是国内锰矿资源量最为丰富的矿区之一，累计探明储量 3500 多万吨，经过 50 多年的开采，氧化锰矿资源已经开采完毕，剩下的全部为碳酸盐锰矿，目前保有工业储量在 2300 万吨以上，其中 80% 分布在遵义汇兴铁合金有限公司的长沟锰矿。

贵州锰矿资源主要包括铜仁地区、黔东北地区及遵义地区三大块。

（1）铜仁地区位于贵州省东北部，地处武陵山区，界于云贵高原向四川盆地与湘西丘陵之间的斜坡地带，主要属扬子地层区[32]。区内出露地层从老至新有青白口系、南华系、震旦系、寒武系、奥陶系、志留系、二叠系、三叠系、白垩系、第四系。缺失泥盆系、石炭系、侏罗系及第三系。从岩性组合上看，青白口系以浅变质岩为主。南华系、震旦系至三叠系中、晚期以海相沉积碳酸盐岩为主。晚三叠系至白垩系以陆相碎屑沉积岩组合为主。

铜仁地区在大地构造位置上跨越扬子准地台与华南褶皱带两大构造单元，经历了武陵、雪峰、加里东、燕山、喜马拉雅等多期构造运动，褶皱、断裂发育。区域构造线总体呈北东向及北北东向展布。断层以走滑断层为主，褶皱具有窄背斜和宽向斜的隔挡式褶曲组合的特点（见图 1-1）。

铜仁地区的锰矿资源主要分布在松桃、铜仁、万山、印江县（市、区）。锰矿点（床）的分布具有分散性、方向性、等距性与雁行式分布的特点[33]。

铜仁地区内锰矿赋存于含锰岩系底部炭质页岩中。矿体呈层状、似层状、透镜状产出，其产状与地层产状基本一致，与上、下围岩多呈整合接触关系。主要含锰矿物为碳酸磷锰矿，次为钙质菱锰矿、锰方解石、锰白云石等，属中高磷、低铁、贫锰碳酸锰矿石。

截至 2009 年 12 月 31 日，铜仁地区查明资源储量分布见表 1-12。

表 1-12　铜仁地区查明锰资源储量分布

行政归属	累计查明锰资源储量/万吨				合计/万吨	备　注
	(111b)	(122b)	(333)	(334)		
松桃县	12467.59	13262.59	33371.87	2441.2	61543.25	23 个矿山
铜仁市	201.40	406.50	2670.1	5057.10	8335.10	2 个矿山
万山特区	0.00	143.00	1022.10	0.00	1165.10	1 个矿山
印江县	2.60	142.10	270.00	149.00	563.7	2 个矿山
合　计	12671.59	13954.19	37334.07	7647.30	71607.15	

注：表中数据截至 2009 年 12 月 31 日。

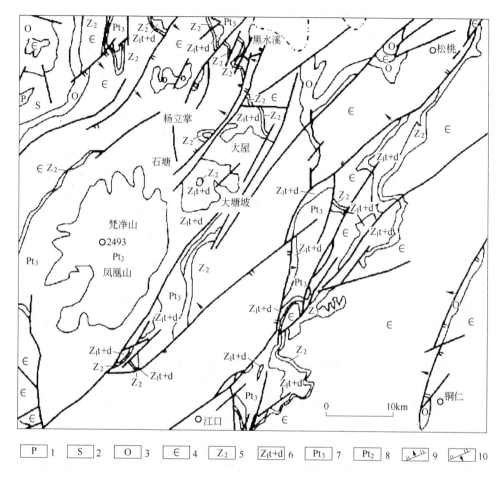

| P | 1 | S | 2 | O | 3 | ∈ | 4 | Z₂ | 5 | Z₁t+d | 6 | Pt₃ | 7 | Pt₂ | 8 | | 9 | | 10 |

图 1-1　铜仁—松桃地区区域地质分布图

（2）黔东北地区是湘、黔、渝、鄂锰矿成矿区的主体部分，大地构造位于扬子陆块东南被动大陆边缘。区内构造以 NNE 微小褶皱、断裂为主，地层发育齐全，除泥盆系、石炭系地层缺失外，中元古界梵净山群至中生代地层均有出露。沉积菱锰矿床主要赋存于下震旦统大塘坡组，下伏地层为下震旦统铁丝坳组。现将铁丝坳组和大塘坡组地层简述如下：

1）铁丝坳组。该组地层在区域上厚度变化极大（2.5～394.94m），岩性及其垂向序列各地均有明显的差异，有些地方无白云岩夹层。铁丝坳组在该区大塘坡一带出露最厚，现仅列述其与成矿有关的铁丝坳组二段剖面。

铁丝坳组二段下部为厚层长石砂岩、长石石英砂岩夹透镜状或似层状白云岩、砂质白云岩。白云岩单层厚 2～5m，白云岩在一些地段的地表浅部风化带可能变为氧化锰矿或锰土。中部为灰色含砾杂砂岩，呈厚层块状。上部为灰色、深灰色纹层状粉砂岩、粉砂质页岩及长石石英砂岩，夹含砾杂砂岩，顶部颜色较深。该段厚度 23.15m。

2）大塘坡组。该组地层在区域上岩性、厚度变化均较显著。局部地段由于相变而无炭质页岩，在松桃凉风坳锰矿区该组三段及大塘坡锰矿区该组二、三段部分钻孔岩芯剖面上可见到 3~6 层含砾粉砂岩、含砾黏土岩[34]，松桃徐家河的个别地方甚至还缺失整个大塘坡组地层。区域上，大塘坡组地层厚度多在 30~300m 之间。现仅简述大塘坡锰矿区一带的大塘坡组剖面。

同时地下水溶液还沿着微细晶白云岩中的粒间孔隙作顺层侧向浸透，并伴有化学交代作用、溶解作用发生。经过长期（约数百万年）的化学风化作用，地表浅部（0~200m）的原生白云岩在全部或部分被溶蚀掉、被交代的同时，与原白云岩形态、大小相近或更小的氧化锰矿体即已形成。矿体呈透镜状、似层状，厚 0.83~4.39m，锰含量一般多在 20%~30% 之间，富者可达 50%~62.20%。该类型矿床的形成需要其物质特殊的地质条件，即铁丝坳组二段下部有透镜状、似层状的白云岩存在，而且距上覆矿源层很近（垂直距离一般 20~30m 不等），所以到目前为止仅发现于松桃大塘坡锰矿区一带（见表 1-12 和图 1-1），但在松桃西溪堡锰矿区的相同层位也常见到含氧化锰土的透镜体产出，原岩为含陆源碎屑白云岩。

（3）遵义锰矿为泻湖相沉积矿床，其层位为二叠系上统龙潭组（P_3l）底部，为全球同一时代地质层位的典型矿床，由于其矿层顶底板均为黏土，在采矿过程中用电扒出矿时，导致矿层顶底板黏土及废石的大量混入，采矿贫化率高达 15% 以上，对于矿区厚顶黏矿段，目前尚留护顶矿开采，造成采矿损失率较大，全矿区回采率仅 60% 左右。其矿石矿物主要为菱锰矿、含锰菱铁矿和少量硅酸盐锰矿，其中碳酸盐锰矿占锰矿的比例在 90% 以上。脉石矿物主要为方解石、石英和硅酸盐矿物。矿区地质报告中含 Mn 22%、Fe 8%~10%、P 0.05%、S 3%~5% 的矿床为低磷高铁高硫贫锰碳酸盐矿床。碳酸锰矿石的烧失量为 25%~30%，可溶于硫酸的二价锰占 90% 以上。

遵义锰矿的保有资源量可以大幅度提高，整个深溪向斜（铜锣井背斜南东翼）、舟水桥向斜、冯家湾向斜均有二叠系上统龙潭组（P_3l）地层分布。目前贵州省中天城投股份有限公司和贵州省地矿局 102 地质大队已经勘查小金沟矿段（沙坝矿段延伸段），获取资源量 1800 多万吨（已经评审通过），国家地勘基金已立项投资对深溪向斜行整装勘查，大量民间资金对矿区外围进行风险勘查。未来数年，遵义锰矿的碳酸盐锰矿资源量可以达到上亿吨，成为国内巨型碳酸盐锰矿基地。

1.6.5 福建省的锰资源状况

福建省锰矿资源分布广泛、规模较大、点多面广[35]。根据地质普查资料统计，省内近20个市（县）发现锰矿、矿床（点）有400多个，但主要分布在闽西的连城县、龙岩市、武平县、永定县、清流县、闽中南的大田县、永安市、三明市、德化县及闽侯县内。据不完全统计，福建省锰矿储量约2000万吨，上述主要分布地区约占总储量的90%，连城县庙前镇的福建省连城锰矿是福建省最大的锰矿山。

福建省锰矿的地质特点是：成矿区主要在闽西南、闽西南位于永梅凹陷带内，其北西侧为加里东隆起带，东侧为浙闽粤中生代断陷带。区内地层发育完整，从前震旦系到第四系除中下泥盆统外均有出露，主要以海相碎屑岩为主并夹海相火山岩及灰岩，其中沉淀积岩中局部含有一些丰富的锰物质。

区内北北东—北东向政和—大埔大断裂带贯穿永梅拗陷区，大规模多次、多种的侵入岩和火山岩分布在其两侧，东部强烈，西部较弱，在东部其地表分布的岩浆岩体的面积超过全区面积的1/3，其中以酸性花岗岩为主，主要为燕山早期的产物，侵入岩与含锰钙质沉积岩接触带普遍分布在规模巨大的交代变质岩带，各类矽卡岩矿床和热液多金属矿床非常丰富[36]。

地层含锰性：（1）沉积型含锰层根据对区域内沉积地层含锰性调查，主要有5个含锰层位，见表1-13。（2）接触交代变质型矽卡岩含锰性。通过对如下矽卡岩型矿床地质资料数据的采集，含锰矽卡岩矿石化学分析结果见表1-14。

表1-13 沉积岩含锰层情况

地 点	地层时代	含锰地层岩性	含 锰 范 围
永安市小陶锰矿	上泥盆统桃子坑组（$D_3 lz$）	石英粉砂岩、泥延、页岩	不 明
连城锰矿4号矿段	上石碳系船山组（C_{3c}）	灰 岩	5%～35%
连城锰矿兰桥矿区	下二迭统栖霞组（P_{1q}）	硅质岩	3.48%～6.27%（ZK12孔）
大田县建爱-铭溪矿区天井坑矿段	上厂炭统船山组——下二迭统栖霞组（C_{3c}～P_{1q}）	灰 岩	4.46%～23.36%（ZK4002、ZK4003孔）
武平县兰坑塘锰矿区	下二迭统文笔山组（P_{1w}）	泥岩、泥质岩	共3层含锰、铁锰结核层：Mn 0.11%～6.40%

表1-14　含锰矽卡岩矿石化学分析结果　　　　　　（%）

矿区	矿物名称	化学成分						
		SiO_2	Al_2O_3	Fe_2O_3	FeO	CaO	MgO	MnO
龙岩市马坑铁矿区	钙铁石榴子石	35.60	6.42	20.90	1.53	31.43	0.24	2.30
	锰硅灰石	44.73	0.12	0.68	2.05	28.85	1.60	11.17
德化县阳山铁矿区	锰钙铁辉石	47.17	0.25	1.90	16.48	21.42	1.03	9.06
大田梅山	锰钙铁辉石	47.63	0.19	1.53	11.42	21.16	1.02	15.11
大田汤泉铁矿区	黑柱石	28.98	0.67	22.86	21.04	13.12	0.29	11.18
龙岩市孟板锰矿区	钙蔷薇辉石	50.98	0.24	1.49	4.94	14.03	0.41	26.89
龙岩市杨梅坪锰矿区	蔷薇辉石	52.38	0.17	68.21	0.15	6.7	0.14	37.43

福建省位于南方亚热带湿热地区，雨水充沛，森林茂盛，断裂构造十分发育，地形切割强烈，使暴露地表的沉积含锰层和含锰矽卡岩体遭受强烈的表生氧化作用，可溶性物质淋失。锰化学性较差的物质残余留在原地或只作短距离搬运，使锰品位不断提高和富集[37]。原生含锰岩类经表生风化的变化情况见表1-15。

表1-15　原生含锰岩类经表生风化的变化情况　　　　　　（%）

采样地点	矿石类型	原生锰品位			氧化锰品位			备注
		Mn	Fe	SiO_2	Mn	Fe	SiO_2	
永安市安坪甲	含锰白云质灰岩	8.58	2.23	3.10	32.34	8.92	12.41	
		13.9	3.5	2.80	39.72	10.56	8.93	
大田县建爱-铭溪矿区设矿段	灰岩	3.72	2.24	5.62	15.32	9.76	15.89	同一块样品，外表为氧化锰、内部为原生矿
大田县建设-铭溪矿区天井坑矿段	含锰灰岩	8.64	—	—	32.89	—	—	
	灰岩	4.23	—	—	18.19	—	—	
大田县梅山	钙锰铁辉石	9.14	13.28	47.68	24.11	28.46	12.31	
龙岩市杨梅坪矿锰矿区	含钙蔷薇辉石	23.58	7.34	46.27	40.15	16.12	18.64	

福建省锰矿的矿床成因类型非常复杂，但大部分的锰矿床是由沉积的含锰层经风化生成氧化锰矿床和含锰的变质矽卡岩经风化生成氧化锰、氧化铁锰矿床，

且有一定的规模，只发现了为数不多的沉积型锰矿床，规模都较小。含锰层经风化的氧化锰矿床，经过进一步的淋滤富集，形成了可规模开采的富锰矿体。这类矿床主要有连城锰矿、永安小陶锰矿、永安麟厚锰矿、大田建爱锰矿、大田铭溪锰矿、清流旧场锰矿和武平迳田锰矿等。其特点为矿床都较大，矿石锰品位较高，一般 Mn > 25%，最高的 Mn > 50%，且属低磷、低铁氧化锰。储量约有 400 万吨，占查明储量的 20% 左右。

矽卡岩风化型铁锰矿床（点）在地表多呈面状成片、成带地分布，埋藏深度 1~10m，被断裂切割比较破碎的地带则赋存较深，随山势地形起伏，矿体厚度变化不定，但矿体大、矿点多，主要集中在龙岩、漳平、大田、德化、闽侯、永定等地。矿石矿物成分主要是褐铁矿和土状氧化锰矿，并含有银铅锌等，含 Mn 10%~30%，含 Fe 10%~35%，Mn + Fe ≥ 45%，氧化铁锰矿资源十分丰富，储量约有 1500 万吨，占查明储量的 75%。

原生沉积含锰层绝大部分达不到工业开采价值，目前发现有开采价值的沉积原生锰矿床、沉积变质锰矿床，仅有连城锰矿 4 号矿段、大田天井坑和龙岩的小娘坑 3 处。连城锰矿 4 号矿段的沉积变质锰矿床的矿石为混合原生矿，锰平均品位大于 30%，锰主要组分为菱锰矿 + 硫化锰 + 硅酸锰，矿体规模较大已进行开采。大田天井坑沉积锰矿床，碳酸锰中 Mn > 20%，目前进行小规模开采，其余一处规模小没有开采。原生锰矿石的储量约有 100 万吨，占查明储量的 5% 左右。

1.6.6　湖南省的锰资源状况

湖南省锰矿资源丰富，矿产地星罗棋布，点多面广，类型齐全，全省已有 268 个锰矿床（点），分布在 11 个地（州、市）区的 62 个县。其中，大型矿床 2 处、中型矿床 13 处、小型矿床 60 处、锰矿点 193 处。

湖南保有锰矿储量占全国总储量的 15%，居全国第二位。零陵地区占全省保有储量的 33.9%、湘西地区占全省的 30.4%，其次是湘潭市和邵阳市。

湖南固有锰矿保有储量 5516 万吨，其中碳酸锰矿石占总储量的 62.35%，氧化锰矿石占 37.65%。已评价和勘探的矿区 64 个，储量平衡表上矿产地 34 处，其中大型锰矿床 2 处，即花垣民乐锰矿床和道县后江桥铁锰矿床，保有储量 5409.4 万吨；中型矿床 8 处，即湘潭锰矿、桃江响涛源、湘乡金石、邵阳市清水塘、洞口县江口、郴州市玛瑙山、永州市东湘桥等锰矿床；小型矿床 24 处[38]。

值得一提的是还未利用的"蓝山式"氧化铁锰矿。"蓝山式"氧化铁锰矿床是指在以泥盆系、石炭系和二叠系为基底的第四系盆地中，赋存于第四系中下部的以褐铁矿、软锰矿、硬锰矿为主的呈似层状分布的低品位土状氧化铁锰矿和结核状氧化铁锰矿。该类矿床主要分布于湘南、粤北、桂北、闽西南等地,点多、面广、量大,远景资源量达 10 亿吨以上。其中以湘南蓝山地区最为发育,故称"蓝山式"氧化铁锰矿床[39]。

"蓝山式"氧化铁锰矿床一般呈层状、似层状、透镜状产出,产状与基岩侵蚀面大体一致,并随地形、基岩的起伏而变化,总体近于水平,局部波状起伏。矿石呈褐黑色、褐色、黑褐色,以微-细粒状结构为主,少量交代残余结构及结核状、豆状、松散土状构造。矿物成分主要为褐铁矿、赤铁矿、硬锰矿、软锰矿、高岭石、铝土矿,见少量石英、伊利石等。

"蓝山式"氧化铁锰矿床主要分布于湘南的桂阳洼地、蓝山盆地、道县盆地。其中蓝山盆地分布比较集中,在新田县流芳桥,桂阳县流峰、塘市,嘉禾县南岭、邹山,蓝山县土市、锡镂、太平、毛俊、蛇尾巴、田心,临武县三合圩、麦市、佛祖铺等地有矿床(点)分布[40]。矿体一般分布于平缓丘陵地带,地形坡度 5°~10°,最大不超过 15°;丘陵浑圆,山脊线不发育,山坡面为弧状;常常几个山头等高而又各自独立呈线状排列,与地层走向一致。海拔一般为 200~300m。矿体赋存于第四系残坡积物中。湘江上游支流两侧河流冲积物比较发育,一般发育 1~2 级阶地。第四系残坡积物一般分布于河流两侧冲积物的外侧,为河流冲积物的基座阶地,相当于 2~3 级阶地。"蓝山式"氧化铁锰矿床主要分布于泥盆系黄公塘白云岩侵蚀面之上的残坡积物中,含铁锰质的白云岩为矿源层。矿层可分为上下两层,上部为结核状氧化铁锰矿,下部为土状氧化铁锰矿,土状氧化铁锰矿分布较广、规模较大。上层结核状氧化铁锰矿位于第四系残坡积物中部,一般为黄褐色黏土夹结核状铁锰矿石,矿层呈似层状、透镜状断续分布,在红土化剖面发育齐全、厚度较大地段产出。下层土状氧化铁锰矿位于第四系残坡积物下部,一般为黑褐色黏土夹土状氧化铁锰矿石,矿层呈似层状连续分布,厚度较大,展布面积较广[41]。

"蓝山式"氧化铁锰矿床的形成机理,经历了以下几个过程:

(1)基底构造和第四系盆地。湘南地处华南皱褶系的赣湘桂粤皱褶带中段,区内基底深大断裂发育[42]。以 NE 向深大断裂为主体构成了相互平行的地堑、地垒,加之次级的 NW 向、近 EW 向和近 SN 向断裂的交叉切割,使地堑地垒切成多个块体。这些深断裂活动的结果所产生的地堑、地垒、阶梯状地形地貌及拉张断裂不均匀的沉降,控制了湘南地区桂阳、蓝山和道县第四系盆地的形成(见图1-2)。

(2)矿源层。加里东运动后,区内盆地和成锰作用受裂谷演化阶段控制。早泥盆世中晚期,海水开始由南西向北东进入本区,在局部地区接受了滨岸砂岩及含砾砂岩的沉积。中泥盆世早期湘南基底为低山丘陵地貌,沉积以潮坪-泻湖、混积陆棚的碎屑岩相及混积岩相为主,局部地段沉积质差而薄的铁矿层。棋子桥

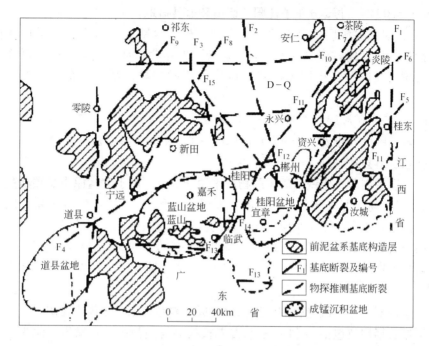

图1-2　湘南基底构造示意图

(据蒋年生改绘)

F_1—万洋山-诸广山深断裂；F_2—耒阳-郴州深断裂；F_3—常宁-香花岭断裂；F_4—双牌-道县断裂；

F_5—桂东-汝城断裂；F_6—炎陵-资兴断裂；F_7—永兴-临武深断裂；F_8—水口山-宁远深断裂；

F_9—祁东-零陵深断裂；F_{10}—祁阳-水口山深断裂；F_{11}—塔山-阳明山深断裂；F_{12}—桂阳-

江永深断裂；F_{13}—九嶷山-大东山深断裂；F_{14}—香花岭断裂；F_{15}—大义山-凡口深断裂

　　早期，区内大部分地区处于开阔浅海相，由碳酸盐台地和台沟组成，在台沟部位沉积了含铁锰的碳酸盐岩矿胚层（矿源层），在隆起部位沉积了含铁锰白云岩（矿源层）。中晚石炭纪，本区大面积海进，形成开阔台地和局限台地，接受了细-粗晶石灰岩及白云岩沉积，在盆地边部沉积了含锰白云岩，构成了矿源层。至二叠纪孤峰期，大部分地区沉积了一套深水相硅质岩相，在盆地边部沉积了灰质-碳酸锰矿层。

　　燕山期岩浆活动多沿基底断裂构造带发育，并对矿源层进行热液改造，经水解氧化作用和红土化作用，并在新构造改造后部分形成氧化铁锰矿床。

　　1）泥盆系矿源层。棋梓桥早期黄公塘白云岩为一套含锰碳酸盐岩，主要由白云岩、白云质灰岩、泥质灰岩夹砂质页岩、钙质页岩及层状含铁锰白云质灰岩、透镜状锰白云岩、锰菱铁矿等组成。该层位碳酸盐岩建造中铁、锰具有较高的背景值。其中在东部玛瑙山一带 Mn 1%～4%、TFe 2.88%～7.34%，西部后江桥一带 Mn 3%～6%、TFe 1.30%～4.25%，中部毛俊一带 Mn 2%～5%、TFe

2.18% ~5.00%，主要分布于桂阳、蓝山和道县盆地。

2）石炭系矿源层。壶天群主要为白云岩、含铁锰白云岩。该层具有较高的铁锰背景值，但较泥盆系、二叠系矿源层铁锰含量低，当与二叠系孤峰组共同构成矿源层时，经后期表生富集可形成优质锰矿。主要分布于桂阳、道县盆地。

3）二叠系矿源层。孤峰组中上部主要为含铁锰页岩、含铁锰灰岩和含铁锰硅质灰岩。厚度一般 26~53m，TFe 0.5%~8.3%，Mn 2.2%~17.99%。主要分布于桂阳、道县盆地。

矿源层控制着氧化铁锰矿床的物质来源和成分。由于含锰原岩是碳酸盐岩建造，Ca、Mg 易于淋失迁移，岩石渗水性好，有利于 Fe、Mn 次生富集。因而以黄公塘白云岩中含铁锰矿源层风化形成的铁锰矿质地较优，规模最大。石炭系壶天群白云岩中铁锰磷含量相对较低，与二叠系孤峰组共同构成矿源层时，经后期表生富集可形成优质锰矿。但二叠系孤峰组磷含量太高，独立成矿时多为普通锰矿。

若矿源层经热液改造叠加，经风化形成的铁锰矿床多为优质富矿。

区域含锰层位包括：（1）上元古界板溪群马底驿组。含锰岩系集中于马底驿组下段，为一套含锰钙泥质及含锰碳酸盐建造；厚 2.0~38.50m（4~7 层），含锰 16%~25%；经表生氧化富集作用，常形成优质氧化富锰矿，是湘南地区优质锰主要成矿层位。（2）泥盆系中上统棋梓桥、佘田桥组。含锰岩系由铁锰碳酸盐岩组成，厚 10~90m，含锰 1%~6%，常含铅锌。多形成大中型含铅锌铁锰矿床，深部可过渡为原生碳酸锰矿床，是湘南地区主要含锰（铅锌）层位。（3）下石炭统大塘组。含锰岩系厚约 3.5m，含锰 0.5%~3.8%；赋存于大塘组石磴子段上部，由含锰灰岩、含锰硅质岩组成。多形成小型优质氧化锰或碳酸锰矿床。（4）二叠系下统当冲组。含锰岩系为含锰硅质岩、含锰灰岩及含锰钙质页岩，厚 40~85m，含锰 0.5%~8.67%，含铁大于 1.3%；在表生作用下常形成氧化锰（铁锰）矿床。

湘南锰成矿以沉积＋热液叠加改造＋表生氧化富集为主要方式，矿床的形成明显具多期（阶段）多因特点；表生氧化富集作用对工业锰矿床的形成往往具有决定性的意义。

在区域分布上，湘南地区已发现的锰矿床基本分布于呈近东西向侧列排布的六个成锰盆地中。不同时代的成锰盆地在成矿上各具特征，产于道县和蓝山中晚泥盆世成锰沉积盆地中的锰矿床，其矿床形成过程一般经历了沉积→热液叠加改造→表生氧化富集三个阶段，成矿与中、上泥盆统含锰层位相关，矿床规模较大；在矿石成分上以低磷、贫锰、高铁和富含铅锌为特征。湘南地区已探明的锰矿资源量的 96.63% 产于中晚泥盆纪层位。

　　形成于早二叠世成锰沉积盆地（永州、邵阳、桂阳）的锰矿床，成矿主要与下二叠统当冲组含锰层位有关，成矿方式主要为含锰层表生氧化富集。矿床规模小-中型，锰矿石在成分上明显具贫锰、高铁（Mn/Fe 一般小于 6）、中磷、局部优富的特点。

　　位于湘南西部的晚元古代城步成锰盆地，是湘南地区已知的主要优质富锰矿产地，该成锰沉积盆地中的锰矿床形成与上元古界马底驿组含锰层位密切相关，矿床规模较小，但大多为优质富锰矿。成矿过程往往经历沉积→区域变质改造→表生氧化富集三个阶段，矿石具富锰、低铁磷特征。

　　湘南地区锰矿床类型及特征见表 1-16[43]。

表 1-16　湘南地区锰矿床类型及特征

类　　型		赋矿或成矿层位	含锰岩系及岩石组合	成矿作用和成矿方式	矿石矿物组合	矿石类型	结构、构造	矿床规模	代表矿床
沉积及沉积改造矿床	海相沉积型	P₁d（当冲组）	锰菱铁矿层，碳质页岩，含锰灰岩、硅质岩、泥灰岩、页岩	沉积＋表生氧化	硬锰矿、软锰矿、褐铁矿、锰菱铁矿、锰方解石	氧化铁锰矿、碳酸锰矿、（锰菱铁矿）	结构：细粒状、胶状　构造：块状、条带状、网脉状	中、小型	清水塘
	沉积变质型	Pt₃（马底驿组）	含锰钙泥质岩系、板岩、钙质片岩	沉积变质＋表生氧化	软锰矿、硬锰矿、锰钾矿、褐铁矿、蔷薇辉石、锰石榴石、锰方解石	氧化锰矿为主，下部为贫碳酸锰、硅酸锰矿石	结构：粒状、胶状、变晶、交代　构造：块状、条带状、葡萄状、网脉状、角砾状	小型	清源
	沉积热液叠加改造型	D₂₋q（棋梓桥、佘田桥组）	含（铁）锰碳酸盐、白云质灰岩、灰岩、白云岩、钙质页岩	沉积＋热液叠加改造＋表生氧化富集	硬锰矿、软锰矿、褐铁矿、磁铁矿、方铅矿、闪锌矿、硫锰矿、铁菱锰矿、赤铁矿	氧化铁锰矿、铁锰铅锌矿、锰菱铁矿	结构：粒状、胶状、交代　构造：块状、蜂窝状、网脉状、浸染状	大、中型	后江桥、玛瑙山

类　型		赋矿或成矿层位	含锰岩系及岩石组合	成矿作用和成矿方式	矿石矿物组合	矿石类型	结构、构造	矿床规模	代表矿床
风化矿床	锰相-淋积型	$D_{2-q} \sim P_1d$	含锰碳酸盐、含锰硅、钙泥质岩系，灰岩、白云质灰岩、硅泥质岩、页岩、粉砂岩	表生氧化、淋滤	硬锰矿、软锰矿、褐铁矿、钾硬锰矿、锂硬锰矿、恩苏塔矿、针铁矿	氧化锰矿、氧化铁锰矿	结构：粒状、胶状、隐晶质、纤状 构造：块状、多孔状、葡萄状、粉状、角砾状、斑杂状	中、小型	后江桥、小带、清水塘（氧化矿）
	残积堆积型（含迁移凝聚）	Q（$D_{1-q} \sim P_1$）		表生氧化富集、红土化			结构：粒状、胶状、隐晶质、纤状、球粒状 构造：块状、蜂窝状、斑杂状、砾状、豆状、环带状、结核状	中、小型	东湘桥、蓝山

湘南地区锰成矿以普通锰矿、铁锰矿为主，已发现的优质锰矿所占比例较小，其成矿及分布具以下主要特征：

（1）以氧化锰矿为主。湘南地区已发现的优质锰矿基本上为次生氧化锰，所占比例达 98% 以上，原生矿因含锰低大多达不到工业指标要求。

（2）矿床规模较小，以局部优质为主。湘南地区独立的优质锰矿床规模有限，大多数锰矿床表现为局部（块段）优质的特征。

（3）遵守优源优质规律。受磷锰和铁锰元素在表生条件下分离程度的制约，优质氧化锰矿的形成与原生含锰层中的成矿相关元素（锰、铁、磷）的含量及分布特征密切相关。次生氧化锰矿石中影响其质量的主要成分铁、磷含量具明显的继承性特点，遵守优源优质规律。湘南区主要优质锰成矿层位为上元古界板溪群马底驿组。

（4）在成矿类型与矿石质量的关系上，淋积型、堆积型锰矿质量一般要优于锰帽型和沉积凝聚型（矿石呈球粒状、羊粪状）锰矿石。

（5）优质氧化锰矿形成主要与含锰钙质岩类"矿胚层"相关；"矿胚层"为含锰硅、泥质岩类时一般形成普通氧化锰矿（含锰"矿胚层"在表生氧化富集成矿过程中，最有利于磷锰分离的化学环境为 pH = 7.0 ~ 8.0 的中-弱碱性环境，而锰碳酸盐、含锰钙质岩类的"矿胚层"易形成中-弱碱性环境，有利于形成优质氧化锰矿。

1.6.7 安徽、浙江及江西省的锰资源状况

安徽省南部、浙江省西部、江西省东北部为下扬子断陷带包括有皖南-浙西断陷带和萍乡-乐平断陷带东段，是重要的锰矿成矿区。该区内已探明大型锰矿1处、中型3处、小型及锰矿点数十处。现对皖南-浙西-赣东北地区锰矿资源状况及成矿机制介绍如下[44]。

1.6.7.1 资源状况及资源远景预测

根据锰矿的时空分布与大地构造和成锰盆地之间的规律性联系，将同一构造成矿区内，相同构造发展阶段的成锰盆地所包含的一个或几个含锰层位的分布范围确定为Ⅰ级成矿带；在Ⅰ级成矿带单元内，将不同区域含锰层位分布范围确定为Ⅱ级成矿带。氧化锰矿和热液改造锰矿是原沉积锰矿次生氧化或改造形成的矿床，与原沉积锰矿同属相同的矿带。按照上述原则，可将区内各类锰矿资源划分为3个成矿带、7个矿带。区内已发现各类锰矿产地（矿床、矿点）近百处，其中经地质勘查的大、中、小型矿床（点）8处。依据"锰矿在内生成矿作用中趋于分散，在外生成矿作用中趋于富集，并受沉积分异规律支配"的原理，采用逻辑信息数学模型，广泛利用已知定性地质标志，借助数学分析方法和逻辑运算，确定成矿带与锰矿成矿作用有密切关系，或对矿床吨位规模有重要影响的地质标志的作用，达到定量估算的目的。研究区锰矿成矿带见表1-17。研究区锰矿分布如图1-3所示。

表 1-17 研究区锰矿成矿带

成 矿 带	矿 带	含锰层位	代表产地	矿 石 类 型	探明资源量/万吨	远景/万吨
下扬子断陷成矿带	东至—贵池矿带	孤峰组	马衙	次生氧化锰矿	200	300
			唐田	碳酸锰矿	1000	1500
	铜陵—南陵矿带	孤峰组	大通	次生氧化锰矿	150	400
			瑶山	碳酸锰矿	700	1000
	宣城—泾县矿带	孤峰组	塔山	氧化锰矿	250	200
		黄龙组	昌桥	碳酸锰-褐锰矿	100	300
浙西—皖南成矿带	浙西矿带	西阳山组	株柳棚坞	次生氧化锰矿	30	100
			西湖村	硫锰矿-碳酸锰		150
	宁国—绩溪矿带	兰田组	高坑	氧化锰矿	20	200
			西坞口	铁锰矿	200	800

成 矿 带	矿 带	含锰层位	代表产地	矿 石 类 型	探明资源量/万吨	远景/万吨
乐平—萍乡断陷成矿带（东段）	乐平—东乡矿带	黄龙组华岭组	乐华	硬锰矿		
			红星	褐锰矿	1800	500
	波阳—余干矿带	古风化壳界面附近	凤凰山	次生氧化锰（帽）矿	20	100
			貂皮山			

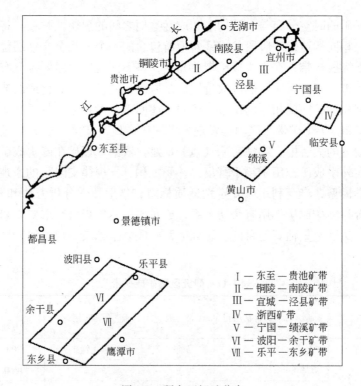

图 1-3 研究区锰矿分布

I — 东至—贵池矿带
II — 铜陵—南陵矿带
III — 宜城—泾县矿带
IV — 浙西矿带
V — 宁国—绩溪矿带
VI — 波阳—余干矿带
VII — 乐平—东乡矿带

1.6.7.2 锰矿成矿地质背景

该区域包括下扬子断陷带、皖南—浙西断陷带和萍乡—乐平断陷带东段。晋宁旋回，扬子板块边部形成被动陆缘裂谷带、火山岛弧，在裂谷、弧后盆地、残留海盆和陆间盆地中沉积了一套巨厚含锰泥砂质复理石建造，构成区内最早形成的锰矿矿源层。澄江运动扬子板块周边隆起并长期遭受剥蚀夷平后，地壳再次沉降，海水入侵，沉积了一套含锰海相碳酸盐岩及陆相泥砂质建造。震旦纪，在古剥蚀面附近沉积了风化壳型锰矿，陆棚断陷带沉积泥砂质岩层中形成（铁）锰矿层，海湾盆地中沉积了含锰白云岩和硅质岩。加里东旋回，陆间断陷盆地形成。华力西-印支旋回早期，地壳上升遭受剥蚀，石炭纪海浸不断扩大，海湾盆地断陷沟槽中接受含锰碳酸盐岩、锰矿和海相火山岩沉积。二叠纪，海退-海进交替发生，陆棚断陷带沉积一套含锰厚度近百米的硅质碳酸盐岩-页岩建造。燕山-喜山旋回，形成一系列内陆断陷盆地，早期矿源层遭受风化剥蚀，锰元素活泼，易发生迁移，在洼地水盆（碱性）中富集成矿，或在表生作用下形成淋滤、堆积型锰矿。

1.6.7.3 锰矿床类型及地质特征

锰在内生、外生和变质作用条件下都可以成矿，但有工业价值的锰矿床主要是外生矿床（包括沉积矿床和风化矿床）。在内生作用中锰主要趋向分散，因此内生锰矿床在国内外所占比例很少。在变质作用过程中，变质轻微，氧化锰矿石可脱水变富；但强烈变质可使原有的锰矿石变为锰硅酸盐（锰方解石等变为红帘石），使锰失去工业价值[45]。

根据区内已知锰矿床、含矿岩系岩石特征以及锰矿石特征，可以将锰矿床划分为 3 大类、10 亚类：

（1）海相沉积锰矿床。产于硅质岩、泥灰岩、硅质灰岩中的锰矿床；产于黑色岩系中的碳酸锰矿床；产于白云岩、白云质灰岩中的氧化锰矿、碳酸锰矿床[46]。

（2）沉积-热液改造锰矿床。产于碎屑岩系中的氧化锰矿；产于热变质岩系中的硫锰矿、碳酸锰矿床；层控铅锌铁锰矿床。

（3）风化锰矿床。沉积含锰岩层的锰帽矿床；热液或层控锰矿形成的锰；淋滤锰矿床；第四系中的堆积锰矿床。

1.7 广西锰矿资源及矿石工艺特性

广西锰矿成矿地质条件优越，锰矿资源丰富。截至 2005 年年底，广西锰矿的保有资源储量为 30876.88 万吨，占全国锰矿保有资源储量的 31.0%，居全国第一。按可供资源（储量）统计，广西锰矿储量为 4592.2 万吨，占全国 35%。中国唯一的一个超亿吨的大型锰矿是广西的下雷锰矿床。不难看出，广西的锰矿资源优势十分明显[47,48]。

1.7.1 矿床成因类型及矿石工业类型

广西锰矿床的成因类型有原生沉积型和次生风化型两大类。按矿石中工业锰矿物的氧化还原状态，一般将前一类称为碳酸锰矿床，后一类称为氧化锰矿床。由于后一类矿床系由前一类矿床或含锰碳酸盐岩经表生作用而成，因此上述两类矿床在很多矿区相伴产出。

原生沉积型矿床是在广西古浅海盆地的沉积作用过程中形成的，主要的赋矿层位有上泥盆统五指山组、榴江组和石炭统大塘组。矿层通常产于硅质岩、灰岩、硅灰岩和泥灰岩等岩石或岩石组合系列中，这套岩石或岩石组合系列统称为碳酸盐岩-硅质岩含锰岩系，简称含岩锰系。

根据矿床中产出的工业锰矿物的组合形式，沉积型矿床还可进一步分为硅酸锰-菱锰矿矿床、褐锰矿-锰方解石矿床、锰方解石-菱锰矿矿床及锰方解石矿床等四个亚类：

（1）硅酸锰-菱锰矿矿床，主要工业矿物以菱锰矿、钙菱锰矿为主，并出现有少量后期变质作用形成的硅酸锰矿物组合，如蔷薇辉石、锰铁叶蛇纹石等。这类矿床主要分布于桂西南地区，在连绵 60 余公里的弧形带上，分布有下雷、土湖、菠萝岗、湖润、地州、壬庄等锰矿床，组成了广西最重要的锰矿区带。

（2）褐锰矿-锰方解石矿床，与前一亚类矿床的特征基本相同，含矿层位相当，只是矿床中出现有较大量的褐锰矿。此亚类矿床目前仅发现龙邦一处。

（3）锰方解石-钙菱锰矿矿床，此类矿床矿石中的工业锰矿物以锰方解石、钙菱锰矿为主。矿床主要分布于桂西地区河池、南丹、宜山一带。桂中马山、武鸣附近也有分布。代表性矿床有龙头、九圩、上角、洛东、板苏、葛阳、林圩等。

（4）锰方解石矿床，主要工业锰矿物为锰方解石及含锰方解石，含少量钙菱锰矿和菱锰矿，代表性矿床为忻城理苗。

风化型锰矿床按成矿作用方式、矿体与母岩的相对产状关系和矿床地质特征，可划分为锰帽型矿床、淋积型矿床和堆积型矿床三个亚类：

（1）锰帽型矿床，主要产于桂西南地区，如下雷、湖润、土湖、龙邦、东平。桂西北和桂中地区也有产出，如龙头、木圭、下田等氧化锰矿床。

（2）淋积型矿床，多属中小型规模，主要分布在桂东南地区，如木圭（"夹层矿"和烟灰状锰矿）及钦—防锰矿带上的十余个锰矿床。

（3）堆积型锰矿，主要分布在思荣、凤凰、平乐、荔浦、同德等处。

广西锰矿石根据锰、铁含量可划分为氧化锰富锰矿石（Mn≥30%）、氧化锰贫锰石（Mn<30%）、铁锰矿石、富碳酸锰矿石（Mn≥25%）、贫碳酸锰矿石（Mn<25%）、含锰灰岩矿石等 6 个工业类型[49]。各种工业类型矿石量及所占比例见表 1-18。

表1-18 广西锰矿石各工业类型的矿石量及所占比例

项　目	氧化锰矿石			碳酸锰矿石		
	富矿石	贫矿石	铁锰矿	富矿石	贫矿石	含锰灰岩矿石
矿石量/万吨	470	2600	2900	200	14300	470
比例/%	2.24	12.41	13.85	0.96	68.29	2.24

广西目前保有锰矿石量约2.2亿吨，其中富矿石只占3.2%，贫矿石及以下品级占96.8%。此外，按照锰矿石中所含锰、铁、磷三种成分的比例，还可将广西锰矿石划分为9种质量品级（见表1-19）。

表1-19 广西锰矿石质量类型及比例　　　　　　　　　（%）

含铁类型	含磷类型			合计
	高磷型 （P/Mn≥0.005）	中磷型 （P/Mn=0.003~0.005）	低磷型 （P/Mn≤0.003）	
高铁型（Mn/Fe≤3）	11.08	7.65	1.49	20.22
中铁型（Mn/Fe=3~5）	68.23	2.37	0.70	71.30
低铁型（Mn/Fe≥5）	1.53	2.57	4.38	8.48
合　计	80.84	12.59	6.57	100.00

按P/Mn比分，广西锰矿石80%以上属于高磷型，高磷型和中磷型矿石占93%以上，低磷矿石不足7%；按Mn/Fe比分，中铁型矿石占71.3%，高铁型和中铁型矿石合占91.5%，低铁型矿石只占8.5%。优质的低铁低磷型矿石仅占4.4%。

1.7.2 锰矿石的化学成分特征

锰矿石的化学成分不仅影响矿石的品质，同时也在很大程度上决定着矿石开发利用工艺条件，如贫锰矿的化学选矿、碳酸锰矿石的中性焙烧、氧化锰矿石的火法选别等工艺，均十分注重矿石的化学组分。

广西主要锰矿床的矿石化学成分见表1-20。

表1-20 广西主要锰矿床的矿石化学成分　　　　　　（%）

矿床	成矿类型	成矿区	Mn	TFe	SiO_2	CaO	MgO	Al_2O_3	烧失量
原生碳酸锰矿床	高硅型	下雷	22.07	6.18	23.01	8.74	3.03	1.48	22.87
		东平含锰灰岩	10.46	4.41	27.14	14.69	3.30	6.83	23.12
	高钙型	龙头	18.56	0.86	12.28	24.12	4.66	0.42	28.00
		理苗	15.75	1.28	16.94	21.37	4.88	0.28	31.16
		同德含锰灰岩	10.96		0.84	24.37	6.98	0.11	

矿床	成矿类型	成矿区	Mn	TFe	SiO$_2$	CaO	MgO	Al$_2$O$_3$	烧失量
次生氧化锰矿床	锰帽型	下雷	32.81	9.58	23.55	0.64	0.44	3.28	12.05
		东平（贫矿）	28.37	5.42	41.30				
		东平（铁锰）	24.75	10.11	39.0				
		木圭	20.90	9.43	36.73				
	淋积型	木圭	26.79	7.09	25.02	5.17	0.55	1.52	
	堆积型	二塘	23.49	13.27	14.30	0.37	0.17	14.68	16.01
		银山岭	28.33	10.50	11.95	0.75	0.13	13.76	13.50
		和风洞	25.56	9.90	19.76	0.99	0.35	18.56	
		大峒（富）	34.61	7.64	16.06	0.03	0.19	6.95	
		大峒（贫）	22.14	14.07	25.66	0.1	0.15	7.07	
		大峒（Fe-Mn）	16.12	23.16	20.71	0.16	0.07	7.37	

　　广西原生碳酸锰矿石中，SiO$_2$、Al$_2$O$_3$、CaO、MgO 的含量之间往往表现出一定的依存关系。一般情况是 SiO$_2$ 同 Al$_2$O$_3$ 呈正相关关系，CaO 同 MgO 呈正相关关系，而 SiO 与 CaO 呈负相关关系。将（SiO$_2$ + Al$_2$O$_3$）≥20% 的碳酸锰矿石称为高硅型；将（CaO + MgO）≥20% 的碳酸锰矿石称为高钙型矿石。通常（SiO$_2$ + Al$_2$O$_3$）≥20% 的矿石，其（CaO + MgO）<20%。如此划分，对于今后探索开发利用广西碳酸锰矿资源具有一定的工艺意义。可以针对不同的工艺类型，采用不同的试剂原料进行化学浸出。

　　碳酸锰矿石中的 SiO$_2$ 除呈游离石英状态外，部分同 Al$_2$O$_3$ 结合形成黏土质硅铝酸盐，CaO 和 MgO 则主要呈钙-镁碳酸盐状态存在。

　　高硅类矿石主要分布于桂西南下雷、湖润、土湖、菠萝岗、东平等大中型矿区；高钙型矿石则主要产于桂西北河池、宜山一带，也见于柳州地区。

　　氧化锰矿石的化学成分是在原生母岩的基础上演化而来。在表生作用下，母岩的主要化学成分大致有两种演化趋势，即 Mn、Fe、Al 在氧化矿床中呈富集趋势，CaO、MgO 大量流失，而 SiO$_2$ 在部分矿区有所流失，在另一部分矿区则反而有所富集。

1.7.3　锰矿石的矿物成分特征

　　广西原生碳酸锰矿床各亚类出现的物种大同小异，以下雷矿区的矿物学研究程度最高。在各矿床中发现过的矿物，在下雷矿床中均有出现。下雷原生碳酸锰矿床的矿物成分见表 2-21。

表1-21 下雷原生碳酸锰矿床的矿物成分

沉积（成岩）矿物		变质矿物			氧化作用形成的矿物	
含锰矿物	脉石矿物	含锰矿物	脉石矿物		含锰矿物	脉石矿物
菱锰矿；	石英（玉髓）；	蔷薇辉石；	黑云母；	赤铁矿；	锰钾矿；	褐铁矿；
钙菱锰矿；	方解石；	锰铁叶蛇纹石；	阳起石；	绿帘石；	恩苏塔矿；	针铁矿；
锰方解石；	绿泥石；·	褐锰矿；	绿泥石；	磁铁矿；	软锰矿；	高岭石；
含锰方解石；	黄铁矿；	黑镁铁锰矿；	白云母；	金云母；	硬锰矿；	水云母；
铁钙菱锰矿；	绢云母；(水云母)；	黑锰矿；	柘榴子石；	锥辉石；	偏锰酸矿	石英；
铁锰方解石；	菱铁矿；	水锰矿；	黑硬绿泥石；	钾长石；		赤铁矿
铁质含锰方解石；	白云石；	锰帘石；	钡钠长石；	钠闪石；		
铁菱锰矿	电气石；	锰辉石；	钠长石；	黄铜矿；		
	榍石；	红钛锰矿；	滑石；	含钴黄铁矿；		
	金红石；	红帘石；	黄铁矿；	方硫铁镍矿；		
	磷灰石；	锰橄榄石；	磁黄铁矿；	硫钴矿；		
	碳质；	锰石榴石；	辉砷钴矿；	闪锌矿		
	石膏；	菱锰矿；	磁镍钴矿；			
	重晶石	锰方解石；	针镍矿；			
		胶状硅锰矿	方铅矿			

其他亚类代表性矿床与下雷所不同的是各种矿物的含量差异。以锰矿物为例，按照矿物平均含量的多少排序，下雷矿床依次为钙菱锰矿（20.25%）、菱锰矿（11.46%）、锰方解石（9.98%）、含锰方解石（4.78%）；龙邦矿区以褐锰矿大量出现为特征，在龙邦Ⅰ矿层的半氧化到新鲜矿石中，褐锰矿含量可达60%~70%，锰方解石占25%~38%；龙头矿区的锰矿物则以锰方解石、含锰方解石为主，钙菱锰矿等次之；理苗矿区以锰方解石、含锰方解石为主，钙菱锰矿、菱锰矿次之。

在下雷矿区的三个矿层中，主要锰矿物也各不相同。其中Ⅲ矿层所含的锰方解石＞钙菱锰矿＞含锰方解石＞菱锰矿；Ⅱ矿层的菱锰矿＞钙菱锰矿＞锰方解石；Ⅰ矿层的钙菱锰矿＞锰方解石＞菱锰矿＞含锰方解石。

广西不同类型次生氧化锰矿床的矿物组成情况仍可以下雷锰帽型矿床为代表（见表1-22）。其他类型的矿床与之不同的是：木圭松软锰矿中偏锰酸矿所占比例较大，并见有少量黝锰矿，烟灰状锰矿中软锰矿的含量也较下雷高；思荣、凤凰堆积型锰矿见有少量水锰矿和黑锰矿；和凤洞矿床也见有少量黝锰矿。此外，堆积型矿床中脉石矿物以高岭石、多水高岭石为主。

表 1-22 下雷锰矿氧化锰矿石主要矿物平均含量　　　　（％）

矿层	主要含锰矿物					含铁矿物			主要脉石矿物			其他矿物	残余矿物
	锰钾矿	硬锰矿	软锰矿	恩苏塔矿	偏锰酸矿	褐铁矿	赤铁矿	针铁矿	石英	高岭土	水云母		
Ⅲ	25	20	1		10	4			15	7	10	2	1
Ⅱ	35	20	3		2	10			10	10	5	2	4
Ⅰ	20	30	15		3	5	1		10	5	7	2	2

1.7.4 锰矿石的结构、构造特征

原生碳酸锰矿石以微粒、细粒结构为主，矿物粒径为 0.01～0.5mm，由 Ca(Mg)-Mn 连续类质同象系列碳酸盐类矿物及少量石英构成，其次为显微鳞片泥质结构、生物碎屑结构等。矿石经过变质作用后，形成的碳酸锰-硅酸锰混合矿石中，还可见到变余细粒状结构及粒状、柱状、显微叶片状、显微鳞片状等变晶结构。这类结构系由变质作用新生成的蔷薇辉石、锰橄榄石、锰石榴石、褐锰矿、锰铁叶蛇纹石、绿泥石、黑云母等矿物表现出来。

原生碳酸锰矿石及碳酸锰-硅酸锰混合矿石常见有块状、鲕状、豆状、条带状、微层状（纹层状）等构造，也见有结核状、饼状等构造。经变质的矿石还可见到斑点状及斑杂状构造。

氧化锰矿石的结构比较简单，各亚类矿床的矿石结构也大体相当，常见有隐晶质结构（矿物粒径小于 0.001mm）、微粒结构（粒径 0.001～0.01mm）、细粒结构（粒径不小于 0.01mm）、泥质结构等。而不同亚类矿床的矿石构造组合却各具特色（见表 1-23）。

表 1-23 广西氧化锰矿石结构、构造特征表

成因亚类	主要结构	主 要 构 造
锰帽型	隐晶质、微粒、泥质、细粒	斑块状、块状、斑杂状、条带状、网格状、空洞状、蜂窝状、土状、豆状、肾状
淋积型	微粒、细粒、隐晶质、纤维状	粉末状、土状、角砾状、网格状、块状、胶状、变胶状、肾状、皮壳状、葡萄状、薄层状、细脉状
堆积型	隐晶质、细粒、微粒	块状、葡萄状、豆状、鲕状、肾状、结核状、同心环带球状、铁饼状、蜂窝状、网格状、土状

锰帽型矿床以块状、土状、斑块状、斑杂状、条带状、网格状、空洞状、蜂窝状构造为主，以豆状、肾状构造为次；堆积型矿床的矿石以大量出现鲕状、豆状、葡萄状、肾状、结核状，具同心环带的球状、铁饼状构造为特色，

蜂窝状、网格状、块状、土状构造相对不如锰帽型矿床发育；淋积型矿床比较特征的矿石构造是胶状、变胶状和皮壳状，葡萄状、豆状、肾状、角砾状等构造也常见。

1.7.5 矿石中锰的赋存状态

总体而言，原生沉积的碳酸锰矿石中的锰主要赋存在 Ca(Mg)-Mn 类质同象系列碳酸盐矿物中，次生氧化锰矿石中的锰则主要赋存在各类氧化锰矿物中。由于地处桂西南的广西几个主要锰矿床曾遭受过后期变质作用，使得锰的赋存状态复杂化。

在广西几个主要锰矿床中，以下雷矿床相关元素的赋存状态研究程度比较高。

下雷碳酸锰矿石（包括碳酸锰-硅酸锰混合矿石）中，$CaCO_3$-$MnCO_3$ 完全类质同系列矿物对矿石中锰的占有率约为 80%，是锰的主要载体矿物，尤其是锰在钙菱锰矿、菱锰矿、锰方解石三种矿物中的分配率较高。氧化锰矿物类对锰的平均占有率也达 8.5% 左右，其中的主要载体矿物是褐锰矿，虽然在三个矿层中的含量均不超过 3%，但此种矿物含锰可达 53.98%。此外，锰在硅酸盐类矿物中也有较大的分配率，其中的主要载体矿物是蔷薇辉石和黑云母，前者含锰量较高，后者矿物量较大。

* *

参 考 文 献

[1] 刘爱兵，刘星剑. 生物质能的利用现状及展望[J]. 江西林业科技，2006(4)：37~40.

[2] 雒廷亮，许庆利，刘国际，等. 生物质能的应用前景分析[J]. 能源研究与信息，2003，19(4)：194~197.

[3] 朱清时，阎立峰，郭庆祥. 生物质洁净能源[M]. 北京：化学工业出版社，2002：58.

[4] 徐农显，刘晓，王伟. 我国生物质废物污染现状与资源发展趋势[J]. 再生利用，2008，1(5)：31~34.

[5] Williams P T, Home P A. Development of biomass energy[J]. Renewable Energy, 1994, 4(1)：1~13.

[6] Munir S, Daood S S, Nimmo W, Cunliffe A M, Gibbs B M. Thermal analysis and devolatilization kinetics of cotton stalk, sugar cane bagasse and shea meal under nitrogen and air atmospheres[J]. Bioreource. Technol., 2009, 100(3)：1413~1418.

[7] 阴秀丽，吴创之，徐冰燕，等. 生物质气化对减少 CO_2 排放的作用[J]. 太阳能学报，2000，21(1)：44~46.

[8] 严旺生，高海亮. 世界锰矿资源及锰矿业发展[J]. 中国锰业，2009，27(3)：6~11.

[9] U. S. Geological Survey. Mineral Commodity Summaries, Manganese 2009 [EB/OL]. http://

minerals1usgs1gov/minerals/pubs/，2009-04-151.

[10] U. S. Geological Survey. World Metal Statistics Yearbook，Manganese 2007-2009 ［EB/OL］. http：//minerals. Usgs. gov/minerals/pubs/，2009-04-151.

[11] 丁楷如，余逊贤，等. 锰矿开发与加工技术[M]. 长沙：湖南科学技术出版社，1992.

[12] 严旺生. 中国锰矿资源与富锰渣产业的发展[J]. 中国锰业，2008，26(1)：107～111.

[13] 朱钧瑞. 国外锰矿资源、类型、地质特征及其对我国锰矿找矿的借鉴[J]. 地质科技情报，1987，6(2)：113～121.

[14] S. Roy. Manganese Deposits. 1981：235～245.

[15] 张九龄. 国内外锰矿主要类型地质特征及找矿方向[J]. 地质与勘探，1982(2).

[16] 朱拉杰·布罗兹，等. 苏联锰矿. 刘宗林，译. 金属学会锰矿技术讨论会筹备组，1982.

[17] S. Roy. 古锰矿床《层控矿床和层状矿床》[M]. 杨积琴，译. 北京：地质出版社，1981.

[18] Leelere and F. Weber，1050，Geologl and genesis of the Moanda manganese deposits，Republic of Gabon.《Geology and Geoehemistry of Manganese》Vol. I：89～109.

[19] 冶金部地质局巴西考察组. 巴西地质资源情况考察报告，1985.

[20] 薛友智. 中国锰矿地质特征与勘查评价[J]. 四川地质学报，2012，32：14～19.

[21] 饶天龙. 云南锰矿资源的禀赋特征与可持续开发利用途径[J]. 云南冶金，2008，37(3)：62～66.

[22] 乔耿彪，杨钟堂，李智明，等. 陕西勉县后沟-大坪山矿区磷、锰分层成矿地质地球化学特征[J]. 西北地质，2009.42(4)：37～45.

[23] 杨振宏，李辉. 陕西省锰矿资源开发的投资经济分析[J]. 中国锰业，2002，20(1)：20～23.

[24] 张永伟. 陕南锰矿资源开发利用的探讨[J]. 中国锰业，2001，19(3)：01～02.

[25] 杨绍许. 陕西汉中天台山锰矿开发前景展望[J]. 中国锰业，1992，10：34～39.

[26] 苏小兵. 甘肃省锰矿资源现状及勘查方向[J]. 甘肃地质，2006，15(1)：58～61.

[27] 宋学信，陆峻. 全球矿产资源形势[M]. 北京：地震出版社，2003.

[28] 陈仁义，柏琴. 中国锰矿资源现状及锰矿勘查设想[J]. 中国锰业，2004，22(2)：1～4.

[29] 兰天龙，贵州铜仁地区锰矿资源现状及开发利用前景[J]. 地质与资源，2011，20(5)：396～400.

[30] 何明华. 黔东北地区氧化锰矿的成因类型及找矿方向[J]. 贵州地质，2001，18(3)：168～173.

[31] 吴谋勇. 遵义锰矿碳酸锰矿资源的利用前景及发展方向[J]. 中国高新技术企业，2012，6：8～10.

[32] 贵州省地质矿产局. 贵州省区域地质志[M]. 北京：地质出版社，1987.

[33] 陈履安. 发展循环经济与贵州矿产资源节约与综合利用[J]. 贵州地质，2009，26(1)：55～59.

[34] 何明华. 贵州东部及邻区震旦纪大塘坡期事件沉积与地层对比[J]. 贵州地质，1997，14(1)：21～29.

[35] 张勤. 福建省锰矿资源情况及开采利用现状[J]. 中国锰业, 2012, 30(2): 5~8.

[36] 吴文森. 福建省锰矿成矿地质特征研究[J]. 中国锰业, 2008, 26(3): 15~19.

[37] 吴文森. 福建省含锰矽卡岩地质特征及成因探讨[J]. 中国锰业, 1997, 15(3): 13~17.

[38] 秦志平. 湘南地区成锰特征及优质锰找矿方向[J]. 矿床地质, 2010, 29: 263~264.

[39] 周尚国, 傅群和, 王永基. 湘南地区"蓝山式"氧化铁锰矿床成矿机理探讨[J]. 地质找矿论丛, 2005, 20: 108~110.

[40] 傅群和, 黎胜才. 论湘南氧化锰铁矿成矿远景及开发利用[C]//2003中国钢铁年会论文集. 北京: 冶金工业出版社, 2003: 135~139.

[41] 王道经, 傅群和, 赵银海. 湘南岩溶残余堆积型锰铁矿基本特征及其开发利用前景[J]. 湖南省地质学会会刊, 2000, (1): 58~61.

[42] 黄传湘, 湖南省锰矿资源形势分析与对策[J]. 湖南地质, 1997, 16(4): 265.

[43] 蒋年生. 湘南红土型金矿地质特征及控矿因素[J]. 湖南地质, 1999, (2): 79~83.

[44] 刘闯, 袁平, 李君浒. 皖南-浙西-赣东北地区锰矿资源及潜力预测[J]. 资源调查与环境. 2002, 23(1): 30~40.

[45] 姚培慧. 中国锰矿志[M]. 北京: 冶金工业出版社, 1995.

[46] 刘闯, 赵云佳, 王志勇. 安徽沿江锰矿开发利用的一种新途径[J]. 安徽地质, 2000, 10(2): 120~124.

[47] 范娜, 田凤鸣. 广西锰矿资源的可供性分析[J]. 中国矿业, 2009, 18(6): 90.

[48] 潘传兴. 广西锰业的发展与展望[J]. 中国锰业, 2012, 30(4): 1.

[49] 李维健, 刘忠林, 潘家瑞. 广西锰业现状及未来发展展望[J]. 中国锰业, 2007, 25(4): 1.

2　生物质热解过程研究

2.1　生物质的组成

　　生物质是多种多样的，其组成成分也多种多样[1]，主要成分有纤维素、半纤维素、木质素、淀粉、蛋白质、烃类（包括萜类）等。树木主要是由纤维素、半纤维素、木质素组成的。草本作物也基本由上述三种主要成分组成，但组成比例不同[2,3]。而谷物含淀粉较多，污泥和家畜粪便则含有较多的蛋白质和脂质。因此，不同种类的生物质，其成分差异很大。从能源利用的角度来看，利用潜力较大的是由纤维素、半纤维素组成的全纤维素类生物质。上述组成成分，由于化学结构的不同，其反应特性也不同。因此，根据生物质的组成特性选择相应的能量转化方式十分重要。

　　生物质代表性组成包括：

　　（1）纤维素。纤维素是由 D-葡萄糖通过 β-葡萄糖苷键连接而成的多糖。其分子式以 $(C_6H_{12}O_5)_n$ 表示，n 为聚合度，为几千至几万[4]。纤维素完全水解后生成 D-葡萄糖（单体），部分水解则生成纤维二糖 ［β-D-葡萄糖基-(1,4)-β-D-葡萄糖，二糖］、纤维三糖（三糖）等 $n = 4 \sim 10$ 的多糖。纤维素具有晶体结构，不溶于水，对酸和碱的耐受性也很强。棉花几乎 100% 由纤维素组成。而木材中还含有半纤维素和木质素，纤维素平均含量为 40% ~ 50%。图 2-1（a）所示为纤维素的结构式。

　　（2）半纤维素。纤维素是仅由 D-葡萄糖结构单元构成的多糖，而半纤维素

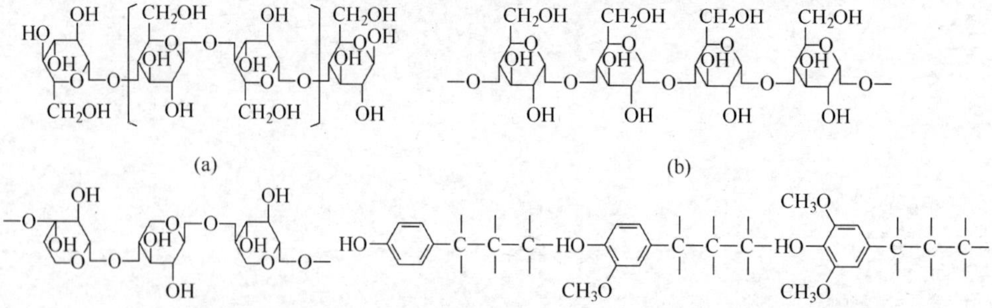

图 2-1　生物质代表性组分的化学结构

（a）纤维素；（b）淀粉链；（c）木聚糖；（d）木质素的结构单元（苯丙烷前体）

是由 D-木糖、D-阿拉伯糖（以上均为戊糖，五碳单糖）、D-甘露糖、D-半乳糖、D-葡萄糖（以上均为己糖，六碳单糖）等结构单元构成的多糖。戊糖多于己糖，平均分子式表示为 $(C_5H_8O_4)_n$。与纤维素有规律的链状结构不同，半纤维素含有支链结构，聚合度为 $50 \sim 200$，低于纤维素的聚合度。因此，半纤维素与纤维素相比，易于分解，大多可溶于碱溶液。半纤维素中含量较多的是木聚糖，它是D-木糖经 1,4-糖苷键缩合形成的产物。图 2-1（c）所示为木聚糖的结构式。半纤维素中还含有葡糖甘露聚糖（D-葡萄糖和 D-甘露糖以 3：7 的比例结合而成）、半乳糖葡糖甘露聚糖（D-半乳糖、D-葡萄糖和 D-甘露糖以 2：10：30 的比例结合而成，该比例随部位的不同而有所不同）等。木聚糖在针叶树中含量为 10%，阔叶树则含 30%（均以干重为计算基准）；而甘露聚糖在针叶树中含量为 15%，在阔叶树中则难以检出。

（3）木质素。木质素是由苯丙烷及其衍生物为结构单元经三维立体结合而成的化合物，这种结合极其复杂，其结构还未完全了解[6,7]。图 2-1（d）所示为木质素的结构单元，是图 2-2 推测的木质素的结构式的一部分。木质素在木材中含

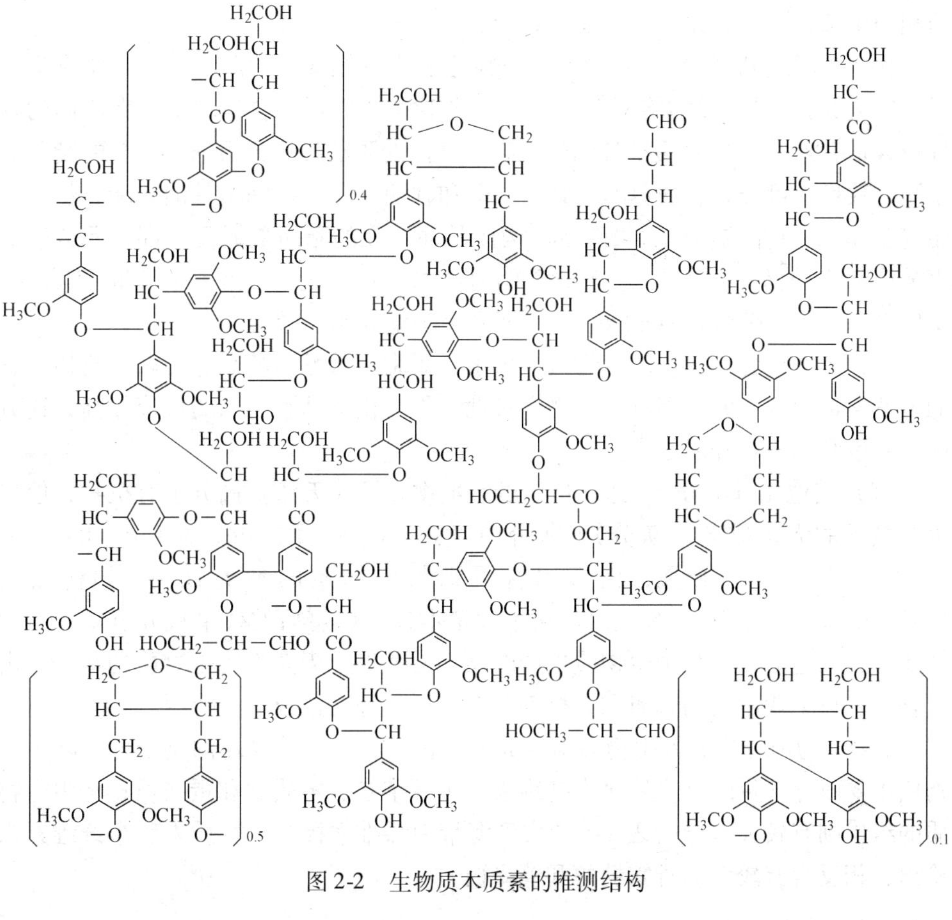

图 2-2　生物质木质素的推测结构

量为20%~40%（以干重为计算基准），在甘蔗渣、玉米芯、花生壳、米糠等中含量为10%~40%。由于木质素具有立体结构，而且难以被微生物及化学试剂分解，因此具有构成植物骨骼和保护植物的功能。

（4）淀粉。淀粉与纤维素一样，是由 D-葡萄糖（和一部分麦芽糖）结构单元构成的多糖。纤维素是以 β-葡萄糖苷键结合而成的，而淀粉是以 α-葡萄糖苷键结合而成的（见图2-1(b)）。此外，纤维素不溶于水，而淀粉则分为在热水中可溶和不溶两部分，可溶部分称为直链淀粉，占淀粉的10%~20%，相对分子质量1万~6万；而不溶部分称为支链淀粉，占淀粉的80%~90%，相对分子质量5万~10万，支链淀粉具有分支状结构。淀粉在种子、块状（根）茎及其他部位以微粒状态存在，存在于玉米、大豆、山芋、米、麦等农产品中，作为食物具有极高的价值。

（5）蛋白质。蛋白质是由氨基酸高度聚合而成的高分子化合物，随着所含氨基酸的种类、比例和聚合度的不同，蛋白质的性质也不同。蛋白质与前述的纤维素和淀粉等碳水化合物组成成分相比，在生物质中所占比例较低。粗蛋白含量约相当于该物质中氮元素含量乘以 6.25。

（6）其他有机成分（有机物）。纤维素、半纤维素、木质素几乎是所有生物质的组成成分。与这些多糖类碳水化合物相比，生物质中含量较少（在不同的物种中含量有差别）的物质是甘油酯，它是甘油的脂肪酸酯，根据所结合的脂肪酸基团的数目，可分为甘油单酯、甘油二酯和甘油三酯，特别是甘油三酯，作为脂肪（油脂），在生物质中含量较多。构成甘油三酯的脂肪酸，几乎都是偶数碳的直链饱和脂肪酸，代表性的有 C12 的月桂酸，C14 的豆蔻酸，C16 的棕榈酸，C18 的硬脂酸、亚油酸和亚麻酸（后两者为不饱和脂肪酸）。

生物质中还含有少量的生物碱、色素、树脂、甾醇、萜烃、类萜、石蜡。它们虽然含量较低，但大多具有生物学特性，作为化学品和药品的价值较高，这方面的有效利用正在开展之中。

（7）其他无机成分（无机物）。虽然生物质是（天然）高分子有机物，但也含有微量的无机成分（灰分）。灰分中含有 Ca、K、P、Mg、Si、Al、Ba、Fe、Ti、Na、Mn、Sr 等金属，而金属含量则与生物质的种类有关，如柳枝稷（switchgrass）中含 Si 和 K 较多。树木和草本植物燃烧后的残余灰分可以作为肥料播撒在土地上，有利于生物质生产的循环。另外，废弃物类生物质的灰分，由于含有来自工业制品的金属和无机物，对其后处理会造成一些问题。

表2-1 为部分代表性生物质组成成分分析。除极少数极端的例子外，陆生生物质主要成分含量的顺序依次为纤维素、半纤维素、木质素和蛋白质；水生生物质的组成则有较大差异（表2-1 中大型海带中纤维素极少，木质素和半纤维素未检出，相反含有较多的甘露糖醇和藻蛋白）。

表2-1 部分代表性生物质组成成分分析

生物质类 组成成分	海洋 大型海带	水生植物 水葫芦	草本植物 百慕大草	树木 白杨	树木 梧桐	树木 松树	废弃物 RDF
纤维素	4.8	16.2	31.7	41.3	447.7	40.4	65.6
半纤维素	—	55.5	40.2	32.9	29.4	24.9	11.2
木质素	—	6.1	—	—	—	—	—
甘露糖醇	18.7	—	—	—	—	—	—
褐藻酸	14.2	—	—	—	—	—	—
葡聚糖	0.7	—	—	—	—	—	—
岩藻低聚糖	0.2	—	—	—	—	—	—
粗蛋白	15.9	12.3	12.3	2.1	1.7	0.7	3.5
灰　分	45.8	22.4	5.0	1.0	0.8	0.5	16.7
合　计	100.3	112.5	93.3	102.9	102.1	101.0	100.1

2.2 生物质的分析指标

生物质热化学工程技术中涉及工业组成分析和元素组成分析两类[8,9]。

工业组成分析是通过工业分析法获得该燃料的规范性组成，提供可燃组分及不可燃组分的含量。可燃成分分析包括挥发分和固定碳，而不可燃成分分析有水分和灰分。可燃成分和不可燃成分均以质量分数表示，总和为100%；元素组成分析包括组成生物质燃料的各元素含量多少，可燃成分的主元素包括碳、氢、氧、氮、硫等，再加上不可燃成分中水分和灰分，其总和为100%。

工业分析获得的成分并非原燃料固有形态，而是在特定条件下的转化产物。它是在特定条件下，通过加热（或燃烧）方法将生物质燃料中原有的复杂组成加以分解和转化，采用普通化学分析方法可检测的组成。

（1）生物质中水分。按照存在形态不同，生物质中水分可分为游离水、结晶水等。游离水附着在生物质颗粒表面和存在于毛细管道内，而结晶水一般与矿物质成分结合。通常是基于失重法将生物质样品在一定温度下缓慢干燥1h后，计算干燥前后质量变化确定含水率。

生物质外在水分是以物理结合方式附着在生物质颗粒表面以及附存于较大毛细孔（直径大于10^{-7}m）中存留的水分。通常把室温下自然干燥失去的水分当做外在水分。外在水分含量有时高于60%。

生物质中以物化结合方式附着在内部毛细管（直径小于 $10^{-7}m$）中的水分即为内在水分。工业组分分析是对风干的生物质样品在 105～110℃下干燥，所失去的水分即为内在水分。

结晶水是与生物质中矿物质化学结合方式存在的水分，在生物质中含量较少。一般在 105～110℃条件下干燥很难去除，往往是在 200℃以上才能逸出，如 $CaSO_4 \cdot 2H_2O$、$Al_2O_3 \cdot 2SiO_2 \cdot 2H_2O$ 等分子中的水分即为结晶水。考虑到生物质样品升温到 200℃以上时其中有机质已开始分解，故结晶水不能用单纯加热的方式检测，其值不计入生物质样品水分含量，而是与挥发物一并计入挥发分。

生物质燃料中的外在水分和内在水分含量高，对其热化学转化过程影响显著。一般意义上的含水率即外在水分和内在水分之和。新鲜的生物质含水率高，在 40%～60% 范围内，长期自然风干的生物质含水率接近 15%。

（2）生物质中挥发分。将生物质样品隔绝空气，在一定温度下加热一段时间后，从生物质内有机质中分离出来的液体（可凝组分先处于蒸汽态逸出，后冷却为液态）和气体（不凝组分）产物的总和即为挥发分。但所谓挥发分在数量上并不包括燃料中从游离水分蒸发出的水蒸气。剩余的不挥发物质称为灰烬。

对生物质资源而言，挥发分本身的化学成分是一种饱和的或不饱和的芳香族碳氢化合物的混合物，是由含氧、氮、硫等元素的有机化合物以及生物质燃料中结晶水逸出的水蒸气混合而成。挥发分中有机物并不是生物质样品固有的有机物质形态，而是特定条件下的转化产物。生物质的挥发分与测定时所采用的设备、温度、时间等因素有关，为便于统一化比较，必须严格规定试验测试条件。

（3）生物质中灰分。生物质中灰分是指生物质样品中所有可燃物在一定温度（815℃±10℃）下完全燃烧及其中矿物质在空气中经过一系列分解、化合等复杂反应后剩余的灰烬。生物质中灰烬来自于矿物质，但它的组成和质量与生物质中矿物质不完全相同，它是一定条件下的产物。

生物质燃烧时，其表面上的可燃物质燃尽后形成的灰分外壳，隔绝了氧化介质（空气）与内层可燃组分的接触而使生物质难以燃烧完全，造成炉温下降和燃烧不稳定。呈固体状态的灰粒沉积在受热面上造成积灰，熔融状态的灰粒黏附受热面造成结渣，这些将影响到受热面的传热，同时会造成不完全燃烧并给设备的操作和运行带来不便。除了考虑灰分的多少外，还有必要关注灰分的熔点。一般要求灰分的熔点（软化温度）不低于 1200℃。灰分的熔融性与其组成及含量密切相关。当灰分融化时，各种组分将结合成共晶体，它们的熔点比结合前各成分的熔点最低者还要低，从而降低了整个灰分的熔融温度。国内外普遍采用角锥法测定灰分熔点。

通过考察生物质的灰分组成及特性，对评价生物质燃料利用价值，确定热化学转化工艺设备及运行、防治污染及综合利用途径等意义重大。

（4）生物质中固定碳。挥发分逸出后的残留物称为焦渣。生物质试样燃烧后，其中的灰分转入焦渣中，焦渣质量扣除灰分质量，就是固定碳含量。固定碳是相对于挥发分中碳而言的，是燃料中以单质形式存在的碳。固定碳的燃点一般很高，需在较高温度下才能着火燃烧。燃料中固定碳含量越高，则燃料越难以燃烧，着火点也相应提高。在柴草中固定碳含量低（14% ~ 25%），挥发分较多，一般容易点燃，也容易燃尽；根据煤质不同，煤炭的固定碳含量在50% ~ 90%范围内，往往出现燃不尽现象，在灰渣中有固定碳存在。

（5）燃料的热值。各类燃料最重要的特性是热值（或发热量），它直接决定燃料的使用价值，是进行燃烧等转化的热平衡、热效率和消耗量计算不可或缺的参数。

燃料的热值是指单位质量（对气态燃料而言多指单位体积）的燃料完全燃烧时所能释放的热量，单位为 kJ/kg（或 kJ/m³（标态），气态燃料）。显然，燃料热值的高低决定于燃料中可燃成分的高低和化学组成，同时与燃料燃烧时的条件有关。

依据不同的燃烧条件等情况，燃料的热值分为下述三种：

1）氧弹热值（bomb heating value）。氧弹热值是基于氧弹式量热计，燃料（气态燃料除外）在充有 2.5 ~ 2.8MPa 过量氧的氧弹内完全燃烧（约1500℃），然后使燃烧产物冷却到原料的原始温度（约25℃），在此条件下燃料放出的热值，其终态产物为25℃下过量氧气、氮气和二氧化碳、硫酸、硝酸和液态水及固态灰分。氧弹热值是燃料的最高热值。一般在实际应用中，需要换算为后续两种热值。

2）高位热值（higher heating value）。燃料在常压下空气中燃烧时，燃料中的硫元素只能转化为二氧化硫，氮元素转化为游离氮，燃烧产物冷却到燃料的原始温度（25℃），水呈液态，这与燃料在氧弹内燃烧情况不同，由氧弹热值扣除硝酸生成热和硫酸与二氧化硫生成热之差，即为高位热值。高位热值是燃料在空气中完全燃烧时所释放的热量，能够表征燃料的质量。一般评价燃料质量时采用高位热值作为基准。针对生物质燃料，氧弹热值一般比高位热值高出约 12 ~ 25kJ/kg。

3）低位热值（lower heating value）。在实际燃烧中，燃烧后产生的烟气离开装置的温度很高，往往都超过 100℃，且水汽在烟气中的分压又比大气压低很多，故此时生成的水汽呈气态，这部分水汽携带热量（显热 + 潜热）没有获得利用，因此，燃料的实际放热量将减少。从燃料高位热值扣除水的汽化潜热后即为低位热值。在实际工程应用中，因为低位热值更切合实际，因此，燃料热值均采用低位热值。相同基燃料的高、低位热值的差异仅在于水的汽化潜热。

一般不同种类燃料的热值不同，即使同一种类的燃料，其热值也会因水分和灰分含量不同而不同。因此，为统一化比较各种燃料的质量，引入了"标准煤"这一概念，人为规定其收到基低位热值为29308kJ/kg（对于气态燃料（标态）为29308kJ/m³），将不同燃料消耗量换算为标准煤消耗量，方便比较不同燃料热值。

2.3 生物质热解过程原理

生物质热裂解（又称热解或裂解），通常是指在无氧或低氧环境下，生物质被加热升温引起分子分解产生焦炭、可冷凝液体（生物质油）和气体产物的过程，是生物质能的一种重要利用形式[3]。控制热裂解条件（反应温度、升温速率、添加助剂等）可以得到不同的热裂解产品[10,11]。

生物质总体热解过程可简单地表示为：生物质→气体 + 液体 + 固体碳。

通过控制裂解的条件（主要是反应温度、升温速率）得到不同的裂解产品。根据反应温度和升温速率的不同，生物质热解工艺可分为慢速、常规、快速或闪速集中。慢速裂解工艺是一种以生成木炭为目的的炭化过程，低温和长期的慢速裂解能得到30%的焦炭产量；常规裂解温度低于600℃及反应速率在0.1~1℃/s区间，能得到相同比例的气体、液体和固体产品；快速热裂解是升温速率在10~200℃/s区间，气体停留时间小于5s；闪速热裂解是气体停留时间小于1s，升温速率大于103℃/s，以102~103℃/s的冷却速率对产物进行快速冷却，生物油产率可高达70%~80%（质量分数）。

2.3.1 生物质的热解进程

生物质的热裂解（慢速）大致分为4个阶段：

（1）脱水阶段（室温到150℃）。物料中水分子受热蒸发，物料化学组分几乎不变。

（2）预热裂解阶段（150~300℃）。物料热分解反应比较明显，化学组成开始发生变化。

半纤维素等不稳定成分分解成CO、CO_2和少量醋酸等物质。

（3）固化分解阶段（300~600℃）。物料发生复杂的物理、化学反应，是热裂解的主要阶段。物料中的各种物质相应析出，生成的液体产物中含有醋酸、木焦油和甲醇，气体产物中有CO、CO_2、H_2、CH_4等。物料虽然达到着火点，但由于缺氧而不能燃烧，不能出现气相火焰。

（4）炭化阶段。C—H、C—O键进一步断裂，排出残留在木炭中的挥发物质，随着深层挥发物向外层的扩散，最终形成生物炭。

这几个阶段是连续的，不能截然分开。快速裂解的反应过程与此基本相同，只是所有反应在极短的时间内完成，原料快速产生热裂解产物，因为迅速淬冷，使初始产物来不及进一步降解成不冷凝的小分子气体，从而增加了液态焦油产物生物油。

2.3.2 生物质主要成分及热解产物

由上述可知，生物质由纤维素、半纤维素和木质素 3 种主要组成物及一些可溶于极性或弱极性溶剂的提取物组成。国内外研究者将 3 种组分常被假设独立进行热分解，当加热生物质至 105℃时，水分析出，当温度在 100 ~ 200℃之间，生物质开始软化，其细胞结构发生变化，但质量没发生太大变化。随着温度的升高，生物质的 3 种主要组成物以不同的速率进行分解，半纤维素主要在 225 ~ 350℃分解，纤维素主要在 325 ~ 375℃分解，木质素在 250 ~ 500℃分解。

纤维素是 β-D-葡萄糖通过 C_1—C_4 苷键连接起来的链状高分子化合物，半纤维素是脱水糖基的聚合物。当温度高于 500℃时，纤维素和半纤维素将挥发成气体并形成少量炭；木质素是具有芳香族特性的、非结晶性的、具有三维空间结构的高聚物。木质素隔绝空气高温分解可得到木炭、焦油、木醋酸和气体产物。产品的收得率取决于木质素的化学组成、反应最终温度、加热速度和设备结构等。木质素的稳定性较高，热分解温度是 350 ~ 450℃，而木材开始强烈热分解的温度是 280 ~ 290℃。木质素中的芳香族成分受热时分解比较慢，主要形成炭。热分解时形成的主要气体成分为 CO_2 9.6%、CO 50.9%、甲烷 37.5%、乙烯和其他饱和碳氢化合物 2.0%；液体提取物主要由萜烯、脂肪酸、芳香物和挥发性油组成。

2.3.3 生物质分解过程与途径

纤维素是多数生物质最主要的组成物（在木材中平均占 43%），同时组成相对简单，因此被广泛用作生物质热裂解基础研究的实验原料。

（1）纤维素受热分解，聚合度下降，甚至发生炭化反应或石墨化反应，这个过程大致分为 4 个阶段：

1）第一阶段。25 ~ 150℃，纤维素的物理吸附水解吸。

2）第二阶段。150 ~ 240℃，纤维素大分子中某些葡萄糖开始脱水。

3）第三阶段。240 ~ 400℃，葡萄糖苷键开始断裂，一些碳氧和碳碳键也开始断裂，并产生一些新的产物和低分子的挥发性化合物。

4）第四阶段。400℃以上，纤维素大分子的残余部分进行芳环化，逐步形成石墨结构。纤维素的石墨化可用于制备耐高温的石墨纤维材料。

（2）纤维素分解途径。关于纤维素裂解反应有两种提法，反应结果分别如图 2-3 和图 2-4 所示。

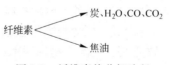

图 2-3 纤维素热分解途径

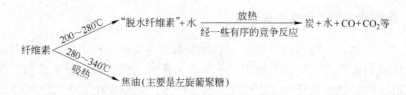

图 2-4   Kilzer 和 Broido(1965 年)提出的纤维素热分解途径

Antal 等对图 2-4 的解释：纤维素经脱水作用生成脱水纤维素，脱水纤维素进一步分解产生大多数的炭和一些挥发物。在略高的温度脱水纤维素解聚反应生成焦油（主要是左旋葡聚糖）。纤维素裂解的化学产物包括 CO、CO_2、H_2、炭、左旋葡聚糖以及一些醛类、酮类和有机酸。醛类中包括羟乙醛，是纤维素裂解的一种主要产物。

半纤维素与纤维素相比具有明显的无定形结构，构成其高分子的各个支链很不稳定，在外界因素（如酸解、碱解和热效应）的影响下，极易发生水解或裂解。半纤维素的裂解温度最低，一般在接近 200℃就开始分解，其分解温度范围也最窄，在纤维素和木质素分解的初始阶段半纤维素已大部分分解完毕。

Soltes 解释首先是聚合物分解成可溶于水的木糖基单体碎片，然后再转化成短链或单链的单元结构的聚合物。对这些聚合物的结构分析表明，聚合物是从木糖基单体不规则缩合衍生来的。在较高的温度下，木糖基单体和不规则缩合产物可再进一步裂解形成许多挥发性物质，半纤维素可产生更多气体和较少焦油，裂解得到的焦油有醋酸、糠醛和甲醛等。

木质素是一种复杂的聚合物，其裂解不存在中间混合物，木质素在非常低的温度下就开始分解，主要是由于侧链基团断裂而形成木质素聚合物。

Antal 等提出木质素热分解的两种反应路径，如图 2-5 所示。

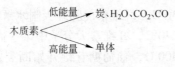

图 2-5   木质素热分解途径

2.3.4   生物质热解物质、能量传递过程

生物质热解物质、能量传递过程如下：

（1）热量首先传递到颗粒表面，再由表面传到颗粒内部。热解过程由外层到内层逐渐进行，物质颗粒被加热的部分迅速分解成木炭和挥发组分。其中，挥发组分由可冷凝气体和不可冷凝气体组成，可冷凝气体经过快速冷凝得到生物油。

一次裂解反应生成了生物质炭、一次生物油和不可冷凝气体。

（2）在多孔生物质内部的挥发组分将进一步裂解，形成不可冷凝的气体和热稳定的二次生物油；同时，当挥发组分气体离开生物质颗粒时，穿越周围的气相组分，在这里进一步裂化分解，称为二次裂解反应。反应器的温度越高，且气态产物的停留时间越长，二次裂解反应越严重。快速冷却一次裂解产生的气态产物可以抑制二次热解反应的进行。

与慢速热裂解相比，快速热裂解的传热过程发生在极短的原料停留时间内，强烈的热效应导致原料极迅速降解，不再出现一些中间产物而直接产生热裂解产物，而产物的迅速淬冷又使化学反应在所得初始产物进一步降解前终止，从而最大限度地增加了液态生物油产量。

2.3.5 生物质热解过程的影响因素

生物质热解过程的影响因素如下：

（1）温度的影响。温度对生物质热裂解的产物组成及不可冷凝气体的组成有着显著的影响。随温度升高，木炭的产率减少，可燃气体产率增加。为获得最大生物油产率，最佳的温度范围为 400 ~ 600℃。

不同温度下的解产物：一般来讲，低温、长滞留期的慢速热裂解主要用于最大限度地增加炭的产量，其质量产率和能量产率分别可达到 30% 和 50%（质量分数）；温度小于 600℃ 的常规裂解时，采用中等反应速率，其生物油、不可冷凝气体和炭的产率基本相等；闪速热解温度在 500 ~ 650℃ 范围内，主要用来增加生物油的产量，其生物油产率可达到 80%（质量分数）；同样的闪速热裂解，若温度高于 700℃，在非常高的反应速率和极短的气相滞留期下，主要生成气体产物，产率高达 80%（质量分数）。当升温速率极快时，半纤维素和纤维素几乎不生成炭。

原因：生成气体反应的活化能最高，生成生物油反应的活化能次之，生成炭的活化能最低；热解温度越高，越有利于热解气体和生物油的转化。

随着挥发物析出，一次反应进行得更为彻底，炭产率降低；进而，挥发物中越来越多的大分子的生物油通过二次裂解反应生成小分子气体烃，从而使得燃气产率显著增加。

（2）生物质原材料特性的影响。生物质种类、粒径及组织结构等特性对生物质热裂解行为及组成有着重要的影响。

1）生物质种类的影响。木质素较纤维素和半纤维素难分解，故通常含木质素多的生物质炭产量较大，而半纤维素含量多的生物质炭产量低；木质素热裂解所得到的液态焦油产物热值最大；木聚糖热裂解所得到的气体热值最大。

原因：生物质在组成、结构上都是由相似的结构单元通过各种桥键（—O—、—CH_2— 等）连接而成，这些基本单元中具有较少的缩合芳香环，较多的脂肪烃结构以及更多种类和数量的含氧官能团，侧链比较长。生物质的氢碳原子比值较高（1.34 ~ 1.78），热解中有利于气态烷烃和轻质芳烃的生成；而氧碳原子比高（0.54~0.95），包括有氧桥键相关的各种基团容易断裂而形成气态挥发物。热解过程中 H 和 O 元素的脱出易于 C 元素，主要是由于生物质中的含氧官能团（羰基和羧基）在较低的温度下就发生了脱除反应，这也是热解气体中高的 CO、CO_2、H_2 含量，热解生物油组分中高的极性物成分（酚类）的原因。

2）生物质尺寸的影响。生物质尺寸小对生成生物油有益。实际操作中选用小于 1mm 的生物质颗粒。

研究人员认为：粒径 1mm 以下时，热裂解过程受反应动力学速率控制，而当粒径大于 1mm 时，颗粒将成为热传递的限制因素。当上述大的颗粒从外面被加热时，颗粒表面的加热速率则远远大于颗粒中心的加热速率，在颗粒的中心发生低温热裂解，产生过多的炭，随着生物质粒径的减小，炭的生成量也减小。

3）木材特性对热裂解的影响。木材的密度、热导率、种类影响其热解过程，并且这种影响是相当复杂的，它将与热裂解温度、压力、升温速率等外部特性共同作用，影响热裂解过程。由于木材是各向异性的，这样的形状与纹理将影响水分的渗透率，影响挥发产物的扩散过程。木材的纵向渗透率远远高于横向渗透率，这样，木材热裂解过程中大量挥发物的扩散主要发生在与纹理平行的表面，而垂直方向的挥发物较少，这样在不同表面上热量传递机制差别会较大。在与纹理平行的表面，通常发生气体对固体的传递机理，但与纹理垂直的表面上，热传递过程是通过析出挥发分从固体传给气体。在木材特性中，粒径的大小会影响热裂解过程中的反应机制。

（3）固相及气相滞留期。在给定颗粒粒径和反应温度条件下，为使生物质彻底转化，需要很小的固相滞留期。

木材加热时固体颗粒粒径因化学键断裂而分解。在分解初始阶段，形成的产物可能不是挥发分，还可能进行附加断裂形成挥发产物或经历冷凝/聚合反应而形成高相对分子质量产物。上述挥发物在颗粒内部或者以均匀气相反应或者以不均匀气相与固体颗粒和炭进一步反应。这种颗粒内部的二次反应受挥发产物在颗粒内和离开颗粒的质量传递率影响，当挥发分离开颗粒后，焦油和其他挥发物还将发生二次裂解。在木材热裂解过程中，反应条件不同，粒子内部和粒子外部的二次反应可能对热裂解产物及其分布有重要影响。

（4）压力。压力的大小将影响气相滞留期，从而影响二次裂解，最终影响热裂解产物产量分布。Shafizadeh 和 Chin 在 300℃氮气下，以纤维素热裂解为例说明了压力对炭及焦油产量的影响。在一个大气压下炭和焦油的产率分别为 34.2%和 19.1%，而在 200kPa 下分别为 17.8%和 55.8%。这是由于二次裂解的结果：较高的压力下，挥发产物的滞留期增加，二次裂解较大；而在低的压力下，挥发物可以迅速地从颗粒表面离开，限制了二次裂解的发生，增加了生物油产量。

（5）升温速率。升温速率增加，物料颗粒达到热解所需温度的响应时间变短，有利于热解；同时颗粒内外的温度差变大，传热滞后效应会影响内部热解的进行。低升温速率有利于炭的形成，不利于焦油的产生。

（6）催化剂的影响。不同的催化剂起到不同的效果。碱金属碳酸盐能提高气体、炭的产量，而降低了生物油的产量，而且能促进原料中氢释放，使气体产物中的 H_2/CO 增大；钾离子能促进 CO、CO_2 的生成，但几乎不影响水的生成。氯化钠能促进纤维素反应生成水、CO 和 CO_2；氢氧化钠可提高油产量，抑制焦炭的产生，特别是增加了可抽提物质的含量，其中以极性化合物为主；加氢裂化能增加生物油的产量，并使有的产物相对分子质量变小；活性氧化铝、天然硅酸盐催化剂的作用下，油产量分别为 28.1%、27.5%，而未使用催化剂的油产量仅为 21.6%[12]。

2.4 生物质热解产物分析

2.4.1 生物质的热解测试方法

生物质的热解实验装置由加热系统、冷凝系统和气液收集系统 3 部分组成，如图 2-6 所示。加热系统的主体反应器是一根外径为 50mm、壁厚为 2.5mm、长度为 1.5m 的石英管，将其置于管式炉中加热。生物质原料放在石英管中间，在热解和冷却过程中管内始终充满 99.9% 的氮气。冷凝系统分为两级冷凝：第一级为普通冷凝管，冷凝介质采用常温水；第二级采用接触面积更大的螺旋结构玻璃管，冷凝介质为冰盐水混合物，以保证挥发分与壁面的充分接触冷却，达到收集绝大部分的可凝性挥发物的目的。

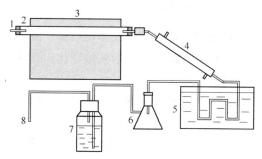

图 2-6　生物质热解实验装置

1—N_2 进口；2—石英管；3—管式炉；4—冷凝管；5—旋转玻璃管；

6—生物油收集器；7—液封装置；8—集气口

2.4.1.1　工作条件

热重实验采用 Shimadzu TGA-50 热重（TG）分析仪进行分析。实验用生物质原料为麦秆、稻秆、竹粉、锯末和玉米秸秆，粒度为 0.18~0.25mm。试验中使用高纯氩气作为保护气。在室温下，将 10mg 左右试样放入热天平的 Al_2O_3 坩埚中，称量后，通入流量为 60mL/min 的高纯氩气，时间约 30min，使试样在惰性气体中完成热解，并在氩气氛围下，加热试样，升温速率为 10℃/min，温度范围为 20~600℃，系统每隔 0.5℃ 自动采集一次实验数据，并给出失重曲线（TG）、失重微分曲线（DTG）。

DSC 实验采用 NETZSCH STA 409PC 型热重-差示扫描量热同步热分析仪（TG-DSC）对试样同时进行分析。实验条件为：反应炉的升温速率为 10℃/min，温度范围为 20~600℃，保护气体为高纯氩气，通入体积流量为 60mL/min，测试样品质量约为 10mg，坩埚材质为 Al_2O_3。生物质为竹粉，粒径为 0.18~0.25mm。

2.4.1.2 生物质热解产物分析

准确称取 5g 生物质物料，将其均匀置于石英舟中，再将石英舟放于石英管反应器的中部，以较大流量（1L/min）向反应器中通入 N_2 约 10min，使整个实验系统中的空气排空，然后持续不断地通入氮气（50mL/min），使整个热解实验过程在无氧状态下进行。调节管式炉按一定程序进行升温至 400℃，使生物质进行热解反应，反应产生的热解挥发物逸出反应器，经过冷凝器冷凝后，由液体收集装置收集。气体收集从 250℃ 开始，为了使反应完全，当进入冷凝管的气体中不含雾状物时继续再加热 5min 后结束反应。实验结束后，将整个系统在无氧条件降至室温，固体产物为石英舟中所残留的物质。用丙酮反复清洗整个反应系统，并减压蒸馏回收液态焦油产物。

2.4.1.3 热解产物的质量计算方法

固体产物质量为反应结束以后得到的残留物质量；液体产物质量为液体收集瓶中的液体产物质量和反应前后冷凝装置的质量变化；气体产物质量为生物质质量减去固体产物质量和液体产物质量。

取约一定量的固体产物置于马弗炉内，500℃ 灼烧 30min，将得到的灰质残留物收集，灰质组成用 HK-8100 型 ICP 进行分析，固态产物的表面形貌和成分用 KYKY-EM3900M 型 SEM 和 EDS 分析。不可凝气体采用规格 5L 集气袋收集，采用山东鲁南瑞虹化工仪器有限公司生产的 SP6890 型气相色谱仪，以氮气、氢气作为载气，进行成分测定。CO_2、CO、H_2、CH_4、C_2H_4 和 C_2H_6 检测柱填料均为碳分子筛，柱长 2m、内径 4mm。H_2 分析时用氮气作为载气。其他五种气体分析时用氢气作为载气，各种测量气体均配有标准气体，并且标准气体积分数与被测气体体积分数基本相近。液态焦油产物用 MB-1545 型傅里叶变换红外光谱仪进行检测。

用于工业生产还原锰矿的生物质原料多选择麦秆、稻秆、竹粉、锯末和玉米秆等生物质，主要元素含量见表2-2。

表2-2 生物质样品的元素分析和工业分析 （％）

样　品		稻　秆	锯　末	麦　秆	玉米秆	竹　粉
元素分析	C	40.35	48.16	42.13	43.16	43.57
	H	4.65	5.16	5.23	4.05	3.92
	O	36.46	46.15	45.68	43.18	44.14
	N	0.48	2.44	0.12	1.04	1.43
工业分析	水　分	8.92	6.51	5.46	8.01	8.13
	挥发分	66.19	79.6	70.88	71.97	76.79
	固定碳	14.08	13.02	14.34	15.13	13.29
	灰　分	10.81	0.87	9.32	4.89	1.79

对生物质进行热解，在400℃时，收集气、固、液态焦油产物，得到生物质的热解产物分布，如图2-7所示。生物质热解的固体产率在25%左右、液体产率在40%左右、气体产率为35%左右。其中，秸秆类生物质的固体产率比木质类生物质略高，而木质类生物质的液体产率和气体产率略高。

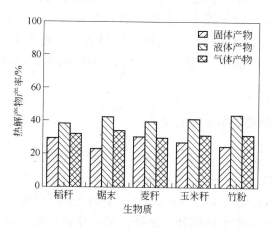

图2-7 生物质热解产物分布

2.4.2 生物质的热解气态产物组成

对稻秆、锯末、玉米秆、麦秆和竹粉热解的气体进行成分分析，结果见表

2-3。生物质热解产生的气体主要由 CO_2、CO、H_2、CH_4、C_2H_4 和 C_2H_6 组成。其中 CO_2 占 50% ~80%；CO 占 18% ~30%；CH_4、H_2、C_2H_4 和 C_2H_6 含量相对较少，占 10% ~20%。CO_2 主要源自半纤维素中的糖醛酸的一次裂解及木质素中的羧基基团的分解；CO 主要由生物质结构中的羰基和醚键高温断裂生成[13]；H_2 主要由气化过程中链烷烃的裂解反应和芳环的缩聚反应中产生；CH_4 为木质素中的愈创木酚基型、紫丁香酚基型、对丙酚基型的基本结构单元甲氧基断裂生成等；C_2H_4 和 C_2H_6 的形成与生物质在裂解过程中所形成双键的断裂和不饱和脂肪酸的热分解生成[14,15]。

表 2-3　生物质热解气态产物的成分　　　　　　（%）

生物质	CO	CO_2	H_2	CH_4	C_2H_6	C_2H_4
稻　秆	29.27	64.56	0.99	3.68	0.98	0.98
锯　末	28.31	62.78	1.37	5.85	0.90	0.80
麦　秆	33.65	52.87	1.30	10.05	1.18	0.95
玉米秆	22.13	62.03	6.09	7.82	1.22	0.71
竹　粉	18.40	73.46	1.25	6.07	0.52	0.30

五种生物质中麦秆产生的 CO_2 最少、CO 和 CH_4 最多，这可能和其结构中半纤维素和木质素的含量较多、纤维素含量较少有关；玉米秆热解产生的 H_2 含量最多，原因可能是玉米秆的热解温度最低；竹粉在高温下产生的 CO 最少、CO_2 最多，这可能是因为其结构中半纤维素的含量较多、纤维素含量较少。

2.4.3　生物质的热解固态产物组成

稻秆、锯末、麦秆、玉米秆和竹粉五种生物质燃烧的灰质的主要化学成分见表 2-4。从表中可以看出，生物质灰质的组成非常复杂，主要元素有 Si、Fe、K、Ca、S、P、Al、Mg、Zn、Cu、Mn、Cl 等，并且生物质种类的不同，其元素分布是不同的。在五种物质中，稻秆、麦秆、玉米秆和竹粉中的 K_2O 含量都较高，分别为 20.45%、26.84%、27.87% 和 17.78%，而锯末最低，为 7.14%；锯末的 Fe_2O_3 含量最高，为 29.84%；稻秆中的 CaO 的含量最高，为 30.49%；麦秆的 SO_3 最高，为 8.61%；玉米秆的 Cl 和 MgO 含量最高，分别为 6.87% 和 4.97%。

表2-4　生物质灰质的主要化学成分　　　　　　　　（%）

生物质	SiO$_2$	Fe$_2$O$_3$	K$_2$O	CaO	SO$_3$	P$_2$O$_5$	Al$_2$O$_3$	MgO	ZnO	CuO	MnO	Cl
稻秆	29.80	5.10	20.45	30.49	2.69	2.23	1.26	1.54	0.16	0.08	2.11	3.37
锯末	15.33	29.84	7.14	20.69	3.90	0.63	3.37	3.74	2.77	2.60	3.66	0.00
麦秆	30.72	6.94	26.84	15.50	8.61	0.99	1.29	2.19	0.14	0.19	0.30	5.45
玉米秆	18.26	18.15	27.87	9.54	2.67	8.21	0.88	4.97	0.32	0.91	0.34	6.87
竹粉	23.45	20.96	18.78	8.15	6.36	5.57	4.73	4.34	2.13	1.38	1.37	1.06

　　五种生物质热解后产生的固定碳的 SEM 图如图 2-8 所示。生物质热解后的固定碳基本保持其生物质原料的形态，并没有发生团聚现象。不同生物质固定碳在形貌上有明显的差别：稻秆的固定碳包括薄管状外壁和球形颗粒状的内容物；锯末的固定碳是无数不规则管道组成的块状固体；麦秆的固定碳是含有分布较均匀且有规则的中空管道的圆柱形固体；玉米秆的固定碳则是片状固体；竹粉的固定碳和麦秆相似，但其管壁较薄。

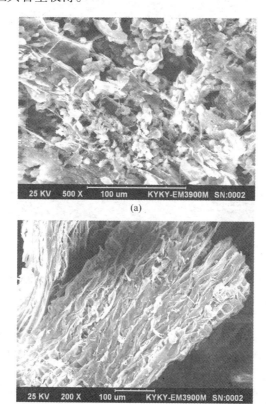

(a)

(b)

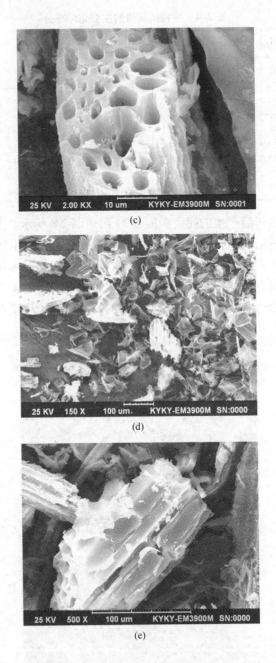

图 2-8 生物质热解固态产物的 SEM 图
（a）稻秆；（b）锯末；（c）麦秆；（d）玉米秆；（e）竹粉

表 2-5 是 SEM 选定的固定碳区域 EDS 分析得到表面元素含量分析，表明生
物质热解的产生的固定碳主要由 C 元素组成，其他元素如 S、Cl 以及碱金属的含

量较低。其中，锯末和竹粉的固定碳的 C 元素含量超过了 94%，其他元素含量都很低；而麦秆的固定碳的 C 元素含量更低，只有 85%，而 O、Si、K、Ca、S 和 Mg 元素的含量较高。

表 2-5　生物质热解固态产物的 EDS 分析　　　　　　　（%）

生物质	C	O	Si	Cl	K	Ca	S	Mg	Al
稻秆	86.07	9.52	1.27	0.18	2.97	—	—	—	—
锯末	94.53	5.28	—	—	0.07	0.12	—	—	—
麦秆	85.46	8.52	2.97	0.22	1.41	0.81	0.13	0.49	—
玉米秆	89.03	9.68	0.11	0.40	0.63	—	—	0.11	0.06
竹粉	94.28	4.34	—	—	0.42	—	—	—	0.08

生物质中含有的无机物在热解过程中会对设备造成腐蚀，主要表现为两个方面：一是由于生物质热转化产生的碱金属氧化物，包括 K_2O、CaO、Fe_2O 和 MgO 等会与 SO_3 作用形成硫酸盐膜渣，该硫酸盐会进一步反应破坏设备壁上的 Fe_2O_3 保护层而造成设备的腐蚀。二是与生物质中的 Cl 元素有关，它在热转化中会以 HCl 或 Cl_2 的形式腐蚀设备表面的氧化保护膜。由于生物质热解产生的固态剩余物相对于生物质燃烧产生的灰质 S、Cl 以及碱金属的含量要低得多，因此，其对设备的腐蚀作用大大减小。五种生物质中，锯末和竹粉作为原料对设备腐蚀作用最低，麦秆的危害最高。

2.4.4　生物质的热解液态焦油产物组成

对生物质的热解液态焦油产物进行分析，结果如图2-9～图2-13 所示。五种

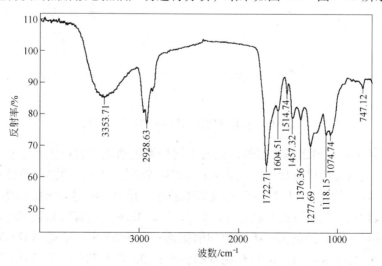

图 2-9　稻秆热解液态焦油产物的红外谱图

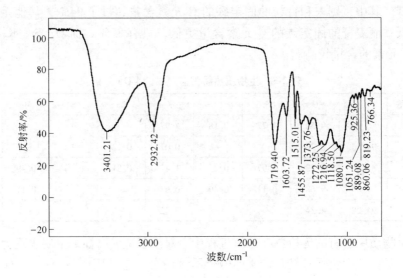

图 2-10   锯末热解液态焦油产物的红外谱图

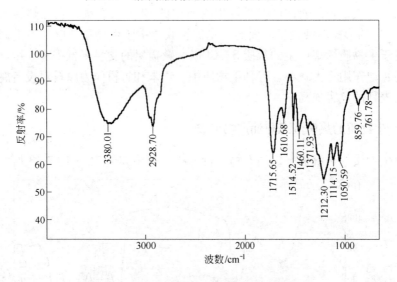

图 2-11   麦秆热解液态焦油产物的红外谱图

生物质的 FTIR 光谱图基本相似，说明不同种类生物质热解产生的生物质热解液态焦油产物的化学成分相似。以锯末的 FTIR 光谱图为例，其热解液体产物的分析如下：在波数为 3401.21cm^{-1} 有宽而强的峰，是 O—H 键伸缩振动特征峰，说明有醇或羧酸类化合物的存在；在波数为 2932.42cm^{-1} 也有宽而强的振动峰，是烷烃、烯烃或芳香烃的 C—H 键的伸缩振动；在 1455.87cm^{-1} 和 1373.76cm^{-1} 有烷基 C—C 键弯曲振动，说明有烷基的存在；在 1603.72cm^{-1} 和 1515.01cm^{-1} 有苯环 C=C 键的特征伸缩振动峰，在 925.36cm^{-1}、889.08cm^{-1}、860.06cm^{-1}、

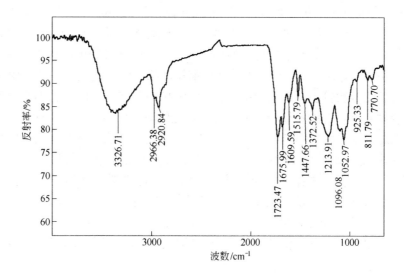

图 2-12　玉米秆热解液态焦油产物的红外谱图

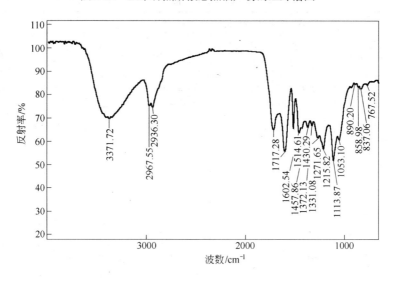

图 2-13　竹粉热解液态焦油产物的红外谱图

819.23cm^{-1}、766.34cm^{-1}的吸收峰，更进一步表明液态焦油产物中存在各种芳香族化合物；1272.25cm^{-1}、1261.94cm^{-1}、1118.50cm^{-1}，1080.11cm^{-1}、1050.24cm^{-1}的吸收峰是醚、酯、醇和酚类化合物 C—O 键的伸缩振动特征峰；在 1719.40cm^{-1}有较强的 C＝O 键伸缩振动吸收峰，表明存在含 C＝O 键的醛、酮、酸或酯类化合物。鄢丰等[16]采用相似的处理方式得到的锯末液态焦油产物，发现其组分非常复杂，超过 50 种化学成分，涵盖芳香类、酚类、醛类、酯类、酸类、胺类、醇类、醚类、烷烃类、烯烃类和酮类，主要由苯酚及其衍生物、1-羟基-2-丙酮、环氧丙醇、乙酸、甲酸甲酯、糠醛构成，脂肪烃和芳香烃含量较少。

表2-6是五种生物质热解液态焦油产物的红外图谱特征峰数据。从表2-6中还可以看出，木质类相对于秸秆类的热解液态焦油产物成分更加复杂，并且竹粉在1062.54cm^{-1}芳香烃 C $=$ C 键的特征伸缩振动峰较强，说明竹粉的热解液态产物含芳香类化合物较多，而玉米秸秆在1675.99cm^{-1}有明显的芳香类酮、醛或羧酸类化合物 C $=$ O 键的特征峰，表明其生物热解液态焦油产物含有较多的此类化合物。总之，从热解液态产物的红外光谱图可以看出，热解液态焦油产物成分极为复杂，这和 Evans[17,18] 和 Milne[9] 采用质谱方法研究生物质的热解液态焦油产物的结果是一致的。根据热解反应进行的程度，可将热解液体焦油产物分为三类：一次热解产物（左旋葡聚糖、羟基乙醛、呋喃亚甲基和甲氧基苯酚）；二次热解产物（主要为酚醛和烷烃）；三次热解产物（包括芳香烃的甲基衍生物等，如甲基芘、甲基萘、甲苯、茚，以及不含取代基的多环芳香烃等，如苯、萘、芘、蒽、菲、芘等）。

表 2-6 生物质热解液态焦油产物的红外图谱官能团分析 （cm^{-1}）

生物质	O—H 键 醇、羧酸	C—H 键 烷、烯、 芳香烃	C $=$ O 键 醛、酮、 酸或酯	C $=$ C 键 芳香、烯烃	C—C 键 烷基	C—O 键 醚、酯、 醇和酚	C—H 键 芳香、烯烃
稻秆	3353.71	2928.63	1722.71	1604.51 1514.74	1457.32 1376.36	1277.69 1118.15 1074.74	747.12
锯末	3401.21	2932.42	1719.40	1603.72 1515.01	1455.87 1373.76	1272.25 1216.94 1118.50 1080.11 1051.24	925.36 889.08 860.06 819.23 766.34
麦秆	3380.01	2928.70	1715.65	1610.68 1514.52	1460.11 1371.93	1212.30 1114.15 1050.59	859.76 761.78
玉米秆	3362.13	2920.84 2996.38	1723.47	1675.99 1515.79 1609.59	1447.66 1372.52	1213.91 1096.08 1052.97	925.33 811.79 770.70
竹粉	3371.72	2967.55 2936.30	1717.28	1602.54 1514.61	1457.86 1372.13 1331.08	1271.65 1215.82 1113.87 1053.10	890.20 858.98 837.06 767.52

2.5 生物质热解特性研究

2.5.1 生物质热解特性分析方法

热重分析法（TG 法）是利用热重分析仪直接精确地测量固体试样的质量在热转化过程中随温度或时间的变化，从而得到固相反应组分的转化率随反应温度或时间的变化关系。热重法具有试样用量少、速度快、副反应及热质传递对分析结果干扰小的优点。利用热重分析研究固相反应可以方便地在测量温度范围内得到其反应过程，反映反应的规律和特征。运用动力学理论和数学方法可以从这些热重分析数据中获取动力学参数，定量地描述固相反应过程。因此，TG 法广泛应用于固态样品的热稳定性[19,20]、生物质热解和燃烧[21]等研究。利用 TG 分析生物质热解过程，可以了解生物质在热解过程中的失重变化规律。对 TG 曲线进行微分可以得到相应 DTG 曲线，其峰值是生物质热解失重速率的最大值，它和 TG 曲线的拐点相对应，峰值相应的温度也就是生物质热解速度最快时的温度，DTG 曲线上的峰个数与 TG 曲线的台阶数相对应。因此，通过分析 TG 曲线和 DTG 曲线能清楚地反映出生物质热解过程及不同阶段的起止温度和最大反应速度及对应的温度，从而定量地描述生物质热解的特性。

热重分析有等温法（静态法）和等速升温法（动态法）两种。等温法是在某一特定温度下测定质量随时间发生的变化，该法早期用得比较普遍，它的缺点是在研究生物质热解时，经常发生在达到特定温度前，生物质就已发生分解，造成结果不准确，并且该法需要分析的温度点多而费时。等速升温法是使试样温度随时间按线性变化，升温速度恒定，并连续记录不同温度下的质量。利用等速升温法不需要把样品升至一定的温度并有明显的反应才可测量，可以在反应开始到结束整个温度范围内研究反应的动力学。由于等速升温法只需一个微量的试验样品，消除了样品间的误差，减少了实验的工作量，可以十分方便地求解热解动力学的参数[22,23]。因此，本实验选择等速升温法研究生物质的热解。

热化学分析除热重分析外还包括差示扫描量热法（DSC）和差热分析法（DTA）等。两者都是在程序控温下，将样品和参比物同时放入相同的环境中一起升温，测定样品由于物理或化学的吸放热过程会和参比物的温度有差别。DSC 是通过及时给较低温度的样品加热，使两者时时保持相同的温度，通过测量输入到试样和参比物的热流量差（功率差）与温度（时间）的变化关系，确定试样在所研究温度范围内，过程中放出或吸收的热量。DTA 是通过测定试样和参比物的温度差而达到分析目的[24]。与 DTA 相比，DSC 在定量测量热量方面具有很大的优势，可以直接从它的曲线峰面积中计算出试样吸放的热量；此外，DSC 由于试样的热量变化随时得到补偿，试样与参比物的温度始终相等，避免了参比物与试样之间的热传递[25,26]。因此，本实验选择了 TG 和 DSC 技术进行生物质热解的热化学的研究。

2.5.2　无氧条件下生物质热解特性

稻秆、锯末、麦秆、玉米秆和竹粉五种生物质原料热解的 TG 和 DTG 曲线如图 2-14 ~ 图 2-18 所示。

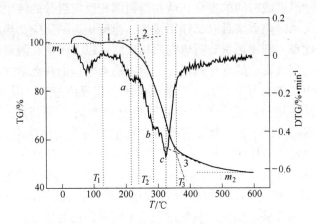

图 2-14　稻秆热解特性 TG 曲线和 DTG 曲线

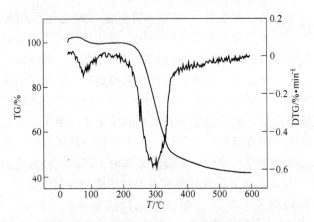

图 2-15　麦秆热解特性 TG 曲线和 DTG 曲线

生物质热解热重特性参数见表 2-7。

表 2-7　生物质热解热重特性参数

生物质	T_1	T_a	r_a	T_2	T_b	r_b	T_c	r_c	T_3	$m_1 - m_2$
稻秆	114	222	0.13	252	285	0.38	325	0.53	357	53.49
锯末	122	—	—	262	—	—	365	0.89	383	68.02
麦秆	121	—	—	248	—	—	306	0.59	351	57.18
玉米秆	117	212	0.30	193	—	—	305	0.50	345	59.63
竹粉	122	—	—	257	297	0.43	352	0.92	377	63.90

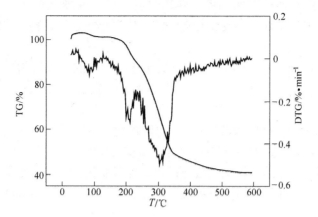

图 2-16 玉米秆热解特性 TG 曲线和 DTG 曲线

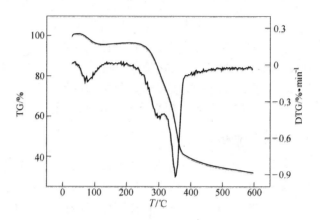

图 2-17 竹粉热解特性 TG 曲线和 DTG 曲线

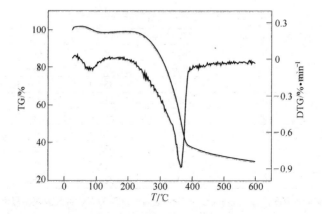

图 2-18 锯末热解特性 TG 曲线和 DTG 曲线

不同种类生物质的脱水温度、软化温度、热解温度、碳化温度区间有所差异，但 TG 和 DTG 曲线总体变化趋势一致。依据热解过程的特征曲线将热解过程分为四个阶段：

（1）第一阶段（0～100℃），干燥脱水阶段。在这阶段生物质只发生物理变化，主要是失去水分。在此温度范围内，水分从生物质表面逸出，总失重量为2%～5%。

（2）第二阶段（100～200℃），生物质软化阶段。在这阶段生物质发生少量的解聚反应，呈现"玻璃化转变"现象，玻璃化转变是指生物质内部高聚合物中的无定形部分从冻结到解冻的松弛过程，外形变化小，细胞结构发生变化，是一个快速的聚合度降低过程，自由基、羰基、羧基、过氧羟基等的出现阶段，并产生少量的氢气[27]。

（3）第三阶段（200～380℃），生物质热解阶段。在这阶段 TG 曲线和 DTG 曲线坡度较陡，呈急速下降趋势，生物质的结构成分纤维素、半纤维素和木质素依据不同的热解温度区发生相应的热解反应，质量损失率高。根据生物质中的中纤维素、半纤维素和木质素构成比例其质量损失比例在 40%～60% 之间变化。

（4）第四阶段（380～500℃），碳化阶段。在这阶段 TG 曲线和 DTG 曲线渐趋平缓，失重率逐渐降低，该阶段主要是残余物中的纤维素和木质素的热解和二次产物（碳、焦油等）裂解，主要表现为 C—C 键和 C—H 键的裂解[28]。

2.5.3　低氧条件下生物质热解特性

通过考察低氧环境下和升温速率对不同生物质的热解特性曲线，用于设计生产工艺过程中的密闭性及升温时间参数。以 10mL/min 速率将空气吹入反应炉，升温速率以 10℃/min、20℃/min、30℃/min，温度从室温至 650℃；TG 量程为10mg；DTG 量程为 5mV/min。不同升温速率影响下生物质热解特性如图 2-19～图 2-21 和表 2-8 所示。

表 2-8　生物质热解特性温度参数

样　品	加热速度/℃·min⁻¹	T_E/℃	T_F/℃	T_I/℃	T_H/℃
玉米秆	10	229.7	322.5	481.2	530.5
	20	210.6	340.5	490.5	577.5
	30	205.3	361.3	495.5	580.3
小麦秆	10	207.4	315.7	473.2	510.5
	20	203.5	338.4	485.3	570.3
	30	198.4	355.3	491.1	578.5
锯末	10	210.5	311.5	485.6	525.5
	20	213.7	313.5	488.3	568.6
	30	220.5	320.4	487.4	580.0

注：T_E 为热解开始温度；T_F 为热解最大速率对应温度；T_I 为碳热解最大速率温度；T_H 为热解结束温度。

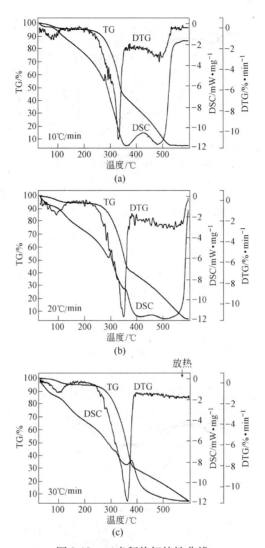

图 2-19 玉米秆热解特性曲线

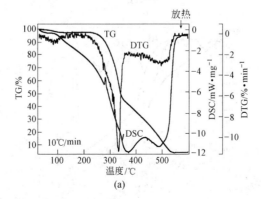

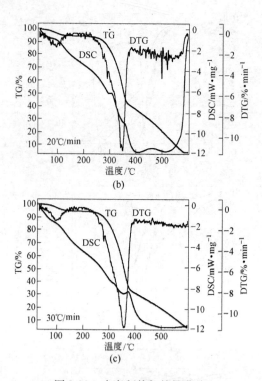

图 2-20 小麦秆热解特性曲线

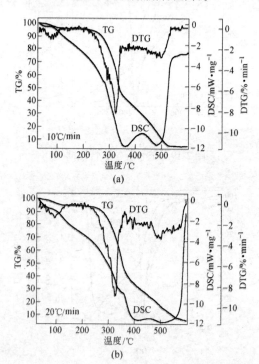

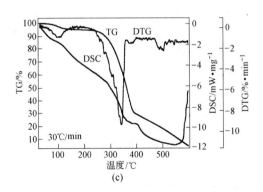

图 2-21　锯末热解特性曲线

　　通过对玉米秆、小麦秆和锯末这三种生物质在低氧下不同升温速率的热解特性曲线分析可知，随着升温速率的增加、玉米秆和小麦秆的热解开始温度随升温速率的增加而降低，锯末热解开始温度随升温速率的增加而增加；热解最大速率对应温度随升温速率的增加而增大；碳热解最大速率温度随升温速率的增加而增加，总体变化趋势不明显；热解结束温度随升温速率的增加而增大，玉米秆热解结束温度从 530.5℃ 增加到 580.3℃，小麦秆热解结束温度从 510.5℃ 增加到 578.5℃，锯末热解结束温度从 525.5℃ 增加到 580.0℃，温度变化非常明显，在工业生产中增加了设备的投资成本。

　　总之，在工业生产中，热解开始温度变化不明显，通过降低热解开始温度达到节能的效果不显著，而热解结束温度随升温速率的增加而增大，从设备投资及节约能耗方面考虑，通入空气工艺设备、反应炉耐高温材料和由于温度过高导致冷却设备工艺等设备投资成本的提高。因此，在工业生产设计中减少输入空气环境。

2.6　生物质热解动力学

　　由冶金原理可知化学反应动力学与热力学之间存在相辅相成的关系。热力学只研究一个过程的起始状态和终止状态，而不研究过程进行的瞬间状态。通过研究热力学只能了解一定条件下反应物是否可能成为预期的产物，热力学至多也只能提供预期产物最多不能超过的平衡产量，至于实际上得到的产量是多少、需多少时间以及反应体系中反应物转化为产物要经历怎样的过程等，通过化学反应动力学解决。热力学只能从静止角度（相对静止的观点）来研究化学反应，而动力学则是从动态的角度（绝对运动的观点）来研究化学反应。

　　动力学是表征裂解过程中反应过程参数对原料转化率影响的重要手段，通过动力学分析可深入了解反应过程和机理，预测反应速率及难易程度，为生物质热化学转化工艺的研究开发提供重要的基础数据。

　　一般采用把生物质视为一个单一组分模型进行动力学研究，根据生物质热解规律以及热解特性，将动力学分析重点放在热解的第三阶段，即温度范围在200~380℃内的热解阶段。生物质热解反应一般被视为一级反应，热解反应中生物质的失重速率可以表示为：

$$\frac{\mathrm{d}\alpha}{\mathrm{d}t} = kf(\alpha) \tag{2-1}$$

$$\alpha = \frac{m_i - m}{m_i - m_f} \tag{2-2}$$

式中　　　α——t 时刻相对失重率；

　m_i，m，m_f——分别为初始质量、t 时刻的质量和最终质量；

　　　　　k——反应速度常数。

　　在任何反应中，并不是所有的分子都能参加反应，而是具有一定能量的分子才能参加反应，这些分子称为活化分子（activated molecules）。活化分子的能量与所有分子平均能量的差叫做活化能（activation energy）。不同反应具有不同活化能。活化能高，反应不易进行；活化能低，反应就易进行。

　　Arrhenius 把正、逆反应的活化能看成是分子反应时必须克服的一种能峰，一般用 E 表示。采用改良的 Coats-Redfern[15] 积分法求解反应过程中的动力学参数[29]。

　　Arrhenius 方程：

$$k = A\exp\left(-\frac{E}{RT}\right) \tag{2-3}$$

式中　E——表观活化能，kJ/mol；

　　　A——指前因子或频率因子，$\min^{-1}$（一级反应）；

　　　R——气体常数，kJ/(mol·K)；

　　　T——反应温度，K。

　　结合式（2-1）和式（2-3），可以得到方程：

$$\frac{\mathrm{d}\alpha}{\mathrm{d}t} = A\exp\left(-\frac{E}{RT}\right)f(\alpha) \tag{2-4}$$

　　在恒定的程序升温速率中，升温速率 $\beta = \mathrm{d}T/\mathrm{d}t$，将其代入式（2-4），得到：

$$\frac{\mathrm{d}\alpha}{\mathrm{d}T} = \frac{A}{\beta}\exp\left(-\frac{E}{RT}\right)f(\alpha) \tag{2-5}$$

式中，$f(\alpha)$ 是关于转化率 α 的函数。一般假设 $f(\alpha)$ 与温度 T 和时间 t 都无关，固体分解反应的 $f(\alpha) = (1-\alpha)^n$，n 为反应级数，则有：

$$\frac{\mathrm{d}\alpha}{\mathrm{d}T} = \frac{A}{\beta}\exp\left(-\frac{E}{RT}\right)(1-\alpha)^n \tag{2-6}$$

将 (2-5) 分离变量并两边积分得:

$$\int_0^\alpha \frac{d\alpha}{(1-\alpha)^n} = \frac{A}{\beta}\int_{T_0}^T \exp\left(-\frac{E}{RT}\right)dT \tag{2-7}$$

式中, T_0 为反应初始温度。考虑到开始反应时温度较低, 反应速率可以忽略不计, 式 (2-7) 的右侧可以变为在 $0\sim T$ 之间积分, 于是:

$$\int_0^\alpha \frac{d\alpha}{(1-\alpha)^n} = \frac{A}{\beta}\int_0^T \exp\left(-\frac{E}{RT}\right)dT \tag{2-8}$$

令式 (2-8) 左侧等于 $F(\alpha)$, 则有:

当 $n=1$ 时 $\qquad\qquad F(\alpha) = \ln(1-n) \tag{2-9}$

当 $n\neq1$ 时 $\qquad\qquad F(\alpha) = \frac{(1-\alpha)^{1-n}-1}{1-n} \tag{2-10}$

令 $u=-E/RT$, 则式 (2-10) 右侧为:

$$\frac{A}{\beta}\int_0^T \exp\left(-\frac{E}{RT}\right)dT = \frac{AE}{\beta R}\left[\left(-\frac{e^u}{u}\right)+\int_{-\infty}^u \frac{e^u}{u}du\right] = \frac{AE}{\beta R}P(u) \tag{2-11}$$

其中, $P(u) = \left(-\frac{e^u}{u}\right)+\int_{-\infty}^u \frac{e^u}{u}du$, 在动力学分析中, $P(u)$ 可以展开成:

$$P(u) = \frac{e^2}{u^2}\left(1+\frac{2!}{u}+\frac{3!}{u^2}+\cdots\right) \tag{2-12}$$

通常计算使用展开式的前两项即可, 经整理后得到:
当 $n=1$ 时

$$\frac{-\ln(1-\alpha)}{T^2} = \frac{AR}{\beta E}\left(1-\frac{2RT}{E}\right)\exp\left(-\frac{E}{RT}\right) \tag{2-13}$$

当 $n\neq1$ 时

$$\frac{1-(1-\alpha)^{1-n}}{(1-n)T^2} = \frac{AR}{\beta E}\left(1-\frac{2RT}{E}\right)\exp\left(-\frac{E}{RT}\right) \tag{2-14}$$

两边取对数, 得到:
当 $n=1$ 时

$$\ln\left[\frac{-\ln(1-\alpha)}{T^2}\right] = \ln\left[\frac{AR}{\beta E}\left(1-\frac{2RT}{E}\right)\right]-\frac{E}{RT} \tag{2-15}$$

当 $n\neq1$ 时

$$\ln\left[\frac{1-(1-\alpha)^{1-n}}{(1-n)T^2}\right] = \ln\left[\frac{AR}{\beta E}\left(1-\frac{2RT}{E}\right)\right]-\frac{E}{RT} \tag{2-16}$$

对一般的反应温区和大部分 E 而言, $2RT/E$ 远小于 1, 也就是 $(1-2RT/E)\approx1$, 因此式 (2-15)、式 (2-16) 可简写为:

当 $n = 1$ 时

$$\ln\left[\frac{-\ln(1-\alpha)}{T^2}\right] = \ln\left(\frac{AR}{\beta E}\right) - \frac{E}{RT} \tag{2-17}$$

当 $n \neq 1$ 时

$$\ln\left[\frac{1-(1-\alpha)^{1-n}}{(1-n)T^2}\right] = \ln\left(\frac{AR}{\beta E}\right) - \frac{E}{RT} \tag{2-18}$$

$\ln[-\ln(1-\alpha)/T^2]$ 与 $1000/T$ 关系直线斜率为 E/R，从而可计算活化能 E 值。不同生物质的 $\ln[-\ln(1-\alpha)/T^2]$ 与 $1000/T$ 关系如图 2-22 所示，动力学参数见表 2-9。

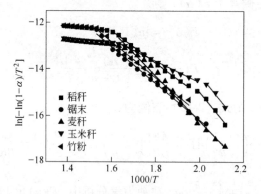

图 2-22 不同生物质的 $\ln[-\ln(1-\alpha)/T^2]$ 与 $1000/T$ 关系图

表 2-9 生物质热解动力学参数

名 称	热解温度/℃	$E/\text{kJ} \cdot \text{mol}^{-1}$	$\ln A/\text{min}^{-1}$	R
稻 秆	200 ~ 230	95.61	26.56	0.98
	240 ~ 360	57.37	16.73	1.00
	370 ~ 450	7.73	5.19	0.98
锯 末	220 ~ 380	65.93	17.83	1.00
	390 ~ 450	4.99	4.29	0.99
麦 秆	200 ~ 340	85.96	23.18	0.99
	350 ~ 450	6.95	5.03	0.99
玉米秆	200 ~ 220	98.40	28.32	0.96
	230 ~ 350	44.01	14.08	0.99
	360 ~ 450	6.66	4.97	0.98
竹 粉	240 ~ 380	64.27	17.71	0.99
	390 ~ 450	5.49	4.47	0.99

由表 2-9 中可看出，草本植物与木本植物主要组分含量比例存在较明显的区别，草本植物秸秆（稻秆、麦秆和玉米秆）的组分主要以半纤维素及木质素为主、木本植物粉体（锯末和竹粉）的组分主要以木质素为主。由文献可知，纤维素的热解活化能较高，大约为 200kJ/mol；热解温度较高（300~430℃）；半纤维素的裂解活化能较低，约为 100kJ/mol，裂解温度较低（250~350℃）；木质素的裂解活化能最低，约为 80kJ/mol，裂解温度较宽（250~550℃）。由此可知，用于还原锰的生物质草本植物秸秆和木本植物粉体主要成分分别为半纤维素和木质素，活化能分别表现为 80~100kJ/mol（250~350℃）和 40~60kJ/mol（250~550℃）。在反应深度较低，活化能主要依赖于半纤维素的裂解，活化能较低；在反应深度较高，活化能主要依赖于木质素的裂解，活化能最低。

2.7　生物质还原氧化锰矿的热化学分析

2.7.1　氧化锰矿热分解特性

对氧化锰矿加热，使氧化锰矿发生热分解反应，氧化锰矿的 DTA-TG 曲线特性如图 2-23 所示。DTA 曲线的各吸热峰的位置对应 TG 曲线上各失重点对应的失重百分数，在 20~1000℃温度范围内锰矿石共有 6 个吸热峰，氧化锰矿热分解各段的特性参数见表 2-10。

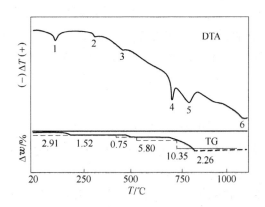

图 2-23　氧化锰矿热分解 DTA-TG 曲线图

表 2-10　氧化锰矿热分解特性参数

吸热峰	反 应 温 度		失 重 量		反　应
	T_i	T_p	理论值	实验值	
1	119.2	123.5	2.91	—	消除吸附水
2	305.5	314.6	1.52	—	干燥结晶水

吸热峰	反应温度		失重量		反 应
	T_i	T_p	理论值	实验值	
3	400.1	400.1	0.75	—	干燥结晶水
4	645.8	686.8	5.80	6.37	$2MnO_2 \rightarrow Mn_2O_3 + 1/2O_2$
5	695.9	780.8	10.35	10.37	$CaCO_3 \rightarrow CaO + CO_2$
6	900.4	1080.5	2.26	2.12	$3Mn_2O_3 \rightarrow 2Mn_3O_4 + 1/2O_2$

由图2-23和表2-10可以看出：第1个吸热峰较明显，矿物中的水分析出阶段；第2和第3个吸热峰不太明显，矿物中的小量结晶水析出；第4个吸热峰很明显，相应的失重量为5.80%，与矿石中的MnO_2分解成Mn_2O_3所对应的理论失重量6.37%较为接近，这个吸热峰对应的分解反应方程为：

$$2MnO_2 \longrightarrow Mn_2O_3 + 1/2O_2 \tag{2-19}$$

第5个吸热峰最为显著，相应的失重量为10.35%，与矿石中碳酸钙$CaCO_3$完全分解成CaO和CO_2所对应的理论失重量10.37%接近，因此这个吸热峰对应的反应为$CaCO_3$分解反应方程：

$$CaCO_3 \longrightarrow CaO + CO_2 \tag{2-20}$$

由于$CaCO_3$的分解是强烈的吸热反应（$\Delta H_{298}^{\ominus} = 178.87kJ/mol\ CaCO_3$），因此这个吸热峰最为显著；第6个吸热峰相应的失重量为2.26%，与在第4个吸热峰产生的Mn_2O_3完全分解成Mn_3O_4的理论失重量2.12%很接近，这个吸热峰对应的反应为Mn_2O_3分解反应：

$$3Mn_2O_3 \longrightarrow 2Mn_3O_4 + 1/2O_2 \tag{2-21}$$

由于这个反应吸热的热量不是很大（$\Delta H_{298}^{\ominus} = 33.75kJ/mol\ Mn_2O_3$），因而第6个吸热峰不太明显。

DTA-TG曲线及分析表明，氧化锰矿热分解过程表现为吸热过程，当$T <$500℃时，观察到的3个吸热峰主要是吸附水和结晶水的脱除；当$T > 650$℃时，锰矿中的MnO_2开始分解。鉴于生物质还原低品位氧化锰矿的发生是在500℃以下，因此还原过程中锰矿中的MnO_2没有进行热分解反应，而是与生物质进行还原反应。

2.7.2 不同生物质还原氧化锰矿的热重特性曲线

在工业试验条件下，分别取稻秆、锯末、麦秆、玉米秆和竹粉五种生物质热解还原的氧化锰矿产品样本，测试分析其TG曲线和DTG曲线特性及热重特性数据，结果如图2-24～图2-28和表2-11所示。

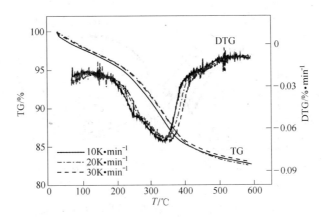

图 2-24 稻秆还原氧化锰矿的 TG 曲线和 DTG 曲线

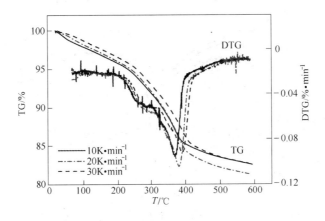

图 2-25 锯末还原氧化锰矿的 TG 曲线和 DTG 曲线

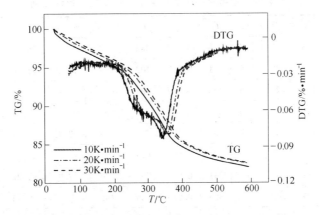

图 2-26 麦秆还原氧化锰矿的 TG 曲线和 DTG 曲线

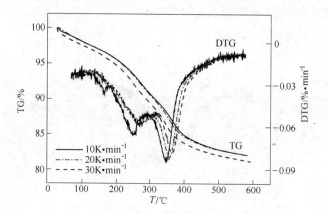

图 2-27   玉米秆还原氧化锰矿的 TG 曲线和 DTG 曲线

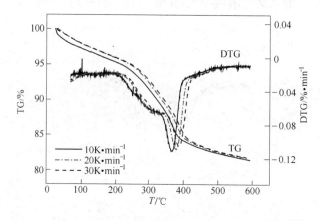

图 2-28   竹粉还原氧化锰矿的 TG 曲线和 DTG 曲线

表 2-11   生物质还原氧化锰矿的热重实验特性数据

生物质	β	T_1	T_2	T_a	T_b	r_b	T_3	$T_3 - T_2$	$m_i - m_f$	$m_i - m_2$	$m_2 - m_3$	$m_3 - m_f$
稻秆	10	118	213	255	335	0.069	383	170	16.98	29.56	54.71	15.73
	20	122	229	265	341	0.067	402	173	17.29	28.16	54.37	17.47
	30	133	223	275	355	0.067	407	184	17.41	27.45	56.06	16.49
锯末	10	101	236	286	372	0.098	395	159	17.49	31.50	54.54	13.96
	20	114	237	—	382	0.105	405	168	18.73	26.27	58.35	15.38
	30	135	247	—	391	0.093	418	171	17.34	26.75	57.79	15.46
麦秆	10	111	235	—	341	0.083	369	134	17.97	31.22	50.31	18.47
	20	121	243	—	353	0.079	388	145	17.47	30.74	50.54	18.72
	30	136	252	—	362	0.080	398	146	17.36	30.64	49.83	19.53

生物质	β	T_1	T_2	T_a	T_b	r_b	T_3	$T_3 - T_2$	$m_i - m_f$	$m_i - m_2$	$m_2 - m_3$	$m_3 - m_f$
	10	110	192	256	347	0.085	372	180	18.83	26.23	55.39	18.38
玉米秆	20	123	190	268	356	0.083	386	196	17.93	22.98	60.01	17.01
	30	133	189	273	364	0.079	394	205	17.91	22.61	60.80	16.59
	10	102	246	—	364	0.111	384	138	18.56	29.04	53.88	17.08
竹粉	20	121	258	—	376	0.108	400	142	18.29	31.60	52.43	15.97
	30	136	264	—	386	0.105	409	145	18.17	31.04	53.88	15.08

从图2-24~图2-28和表2-11中看出：不同生物质还原氧化锰矿的重量损失分布相似，其中还原反应的总失重为17%~19%，第一和第二的还原反应前阶段占总失重的20%~30%、第三的主反应阶段占50%~60%、第四阶段占15%~19%。与生物质热解不同的是，五种生物质还原锰矿的DTG曲线在温度为250℃由于锰矿中的MnO_2被还原成Mn_3O_4而产生明显肩峰，其中在热解中有半纤维素热解峰的稻秆和玉米秆在还原中的DTG曲线中也有肩峰点，热解中无半纤维素热解峰的锯末、麦秆和竹粉则表现为拐点。与生物质热解曲线不同的是，稻秆、锯末、麦秆、玉米秆和竹粉还原锰矿得到的DTG曲线的峰值温度比生物质热解分别高大约10℃、7℃、35℃、42℃和12℃。

五种生物质分为秸秆类（稻秆、玉米秆和麦秆）和木质类生物质（锯末和竹粉），从表2-11中可以看出，木质类生物质还原锰矿过程时的DTG峰值r_b明显高于秸秆类生物质，而秸秆类生物质的主反应阶段的开始温度T_2和结束温度T_3以及DTG峰值温度T_b都要低于木质类生物质。这说明木质类生物质还原锰矿的最大还原速度比秸秆类高，而秸秆类生物质完全还原锰矿所需的温度比木质类生物质低，原因可能是含有较多矿物质的秸秆类生物质具有较低的热解温度，因此它们在较低温度下就可释放出还原所需的还原性挥发分。

2.7.3 不同升温速度生物质还原氧化锰矿的热重特性曲线

从图2-24~图2-28和表2-11中看出，生物质热解还原氧化锰矿反应速度主要受温度的控制，提高升温速度可加快反应的进程。随着升温速度的提高，热重曲线连同各个阶段的起始温度、峰点温度和终止温度共同向高温侧平移约10℃。由于热量扩散的限制，生物质和锰矿导热系数较小，物料升温需要一定的时间，并且升温过程中物料颗粒表面和内部也会有一定的温度差，使样品实际的平均温度比仪器测点的温度低，从而出现热滞后现象，产生TG曲线和DTG曲线向高温区平移的现象；随着升温速度的提高，主反应区的温度区间也会增加。当升温速度从10℃/min增加到30℃/min时，主反应区的温度范围（$T_3 - T_2$）也会增加10℃左右。其原因可能为升温速度的增加会导致生物质在主反应区的热解速度增加，也就是说单位时间内，生物质所释放的挥发分的量大大增加，而锰矿和还原性的挥发分之间只有一定的反应速度，导致部分挥发分未反应就自身分解或被氮气带出反应体系，造成挥发分利用率降低。因此，为使生物质生成更多的挥发分来完全还原锰矿，就需要增加主反应区温度范围。

2.7.4 不同生物质/锰矿配比还原氧化锰矿的热重特性曲线

在工业试验条件下，以锯末作为生物质，分别以生物质和锰矿配比为0.5:10、1.0:10和1.5:10，进行生物质热解还原氧化锰矿，测试分析被还原物质的TG曲线和DTG曲线特性及热重特性数据，结果如图2-29和表2-12所示。

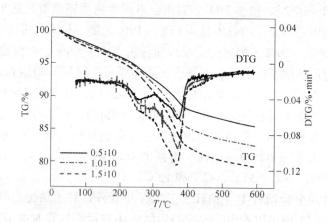

图 2-29　生物质/锰矿比不同还原产物的 TG 曲线和 DTG 曲线

表 2-12　生物质/锰矿比不同还原产物的热重试验特征参数

配 比	T_1 /℃	T_2 /℃	T_a /℃	T_b /℃	r_b /%·℃$^{-1}$	T_3 /℃	$T_3 - T_2$ /℃	$m_i - m_f$ /%	$m_i - m_2$ /%	$m_2 - m_3$ /%	$m_3 - m_f$ /%
0.5:10	112	229	260	367	0.063	383	154	14.52	32.78	46.07	21.15
1.0:10	101	236	286	372	0.098	395	159	17.49	31.50	54.54	13.96
1.5:10	108	235	—	366	0.115	388	153	20.73	27.88	55.42	23.83

从图2-29和表2-12中可以看出，物料配比是影响锰矿还原的主要影响因素，因此表现在TG曲线和DTG曲线上的不同，主要体现在如下几个方面：（1）随着生物质在配比中的增加，物料在反应过程中的总质量损失 $m_i - m_f$ 和质量损失的最大速度 r_b 都相应的增加。（2）生物质在配比中的增加也导致了DTG曲线中峰值温度 T_3 和主反应温度范围 $T_3 - T_2$ 先增后降。当生物质/锰矿比值从0.5:10增加到1.0:10时，T_3 从367℃增加到372℃，$T_3 - T_2$ 从154℃增加到159℃。生物质/锰矿比为0.5:10时，锰矿中的 MnO_2 只能被还原成 Mn_3O_4，而当生物质/锰矿比增加到1.0:10时，Mn_3O_4 也会被继续还原成 MnO，由于该反应是发生在较高温度（大于350℃），从而引起了DTG曲线中峰值温度的增加。当生物质/锰矿

比值增加到 1.5 : 10 时，T_3 和 $T_3 - T_2$ 又分别下降到 366℃ 和 153℃，这是由于锰矿的相对减少使其吸附生物质热解产生的挥发分能力减小，从而导致质量损失滞后的作用减小。(3) DTG 曲线的肩峰 T_a 随着配比的增加逐渐地减小，生物质/锰矿比值为 0.5 : 10 时，DTG 曲线在 260℃ 有明显的肩峰，生物质/锰矿比值增加到 1.0 : 10 时，肩峰减小，对应的温度也增加到 286℃，当配比达到 1.5 : 10，DTG 曲线在 251℃ 处只有拐点出现。这说明 DTG 曲线在 250℃ 处的肩峰对应的是锰矿中的 MnO_2 被还原成 Mn_3O_4 的反应，随着配比的增加逐渐被生物质中半纤维素的热解峰覆盖。

2.7.5　不同生物质组分还原氧化锰矿的热重特性曲线

由试验可知，生物质的组分（半纤维素、纤维素和木质素）对氧化锰矿的还原率有较大的影响。在同样的试验条件下，测试分析半纤维素、纤维素和木质素还原氧化锰矿的 TG 曲线和 DTG 曲线特性及热重特性数据，结果如图 2-30 ~ 图 2-32 和表 2-13 所示。

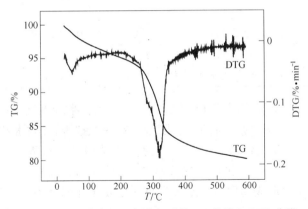

图 2-30　半纤维素还原氧化锰矿的 TG 曲线和 DTG 曲线

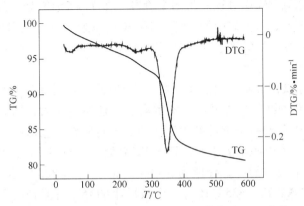

图 2-31　纤维素还原氧化锰矿的 TG 曲线和 DTG 曲线

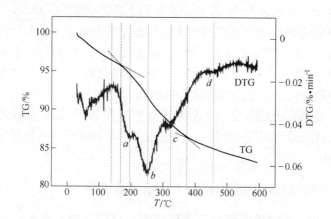

图 2-32 木质素还原氧化锰矿的 TG 曲线和 DTG 曲线

表 2-13 生物质组分还原氧化锰矿的热重试验特征参数

生物质 组分	T_1 /℃	T_2 /℃	T_a /℃	T_b /℃	r_b /% · ℃$^{-1}$	T_c /℃	T_3 /℃	T_d /℃	$T_3 - T_2$ /℃	$m_i - m_f$ /%	$m_i - m_2$ /%	$m_2 - m_3$ /%	$m_3 - m_f$ /%
半纤维素	73	260	284	322	0.190	—	344		84	19.92	32.23	47.54	20.23
纤维素	72	322	251	344	0.229	—	380		58	19.49	39.46	45.05	15.49
木质素	138	168	195	255	0.063	325	375	453	207	16.73	25.70	54.93	19.73

从图 2-30 ~ 图 2-32 和表 2-13 结合 2.3 可看出，半纤维素还原氧化锰矿过程分为四个阶段：T_i ~ T_1 为物料的干燥阶段，T_1 ~ T_2 为脱结晶水和生物质玻璃化过程，T_2 ~ T_3 为主反应阶段，T_3 ~ T_f 为焦炭的缓慢分解过程。主反应阶段的温度范围是 260 ~ 344℃，这和它的热解范围相同，在 T_a = 284℃处有一个因 MnO_2 被还原成 Mn_3O_4 而形成的肩峰，最大失重速度发生在温度为 T_b = 322℃处，速度为 0.190%/min。

纤维素还原氧化锰矿过程分为四个阶段：在 T_a = 251℃处，纤维素玻璃化过程生成的少量挥发分将锰矿中的一部分 MnO_2 还原为 Mn_3O_4 而形成小的 DTG 峰。主反应阶段的温度比半纤维素高且范围窄（322 ~ 380℃），并在 DTG 曲线上形成一个强尖峰。

木质素还原氧化锰矿温度范围较宽，从 168℃一直延续到 375℃，TG 曲线比较平坦，但 DTG 曲线却非常复杂。木质素热解还原锰矿时，锰矿在还原过程中的质量变化在 DTG 曲线中都可产生比较明显的对应峰，包括在 50℃处的脱表面水峰，T_a = 195℃处的脱结晶水峰。T_b = 255℃处，MnO_2 还原为 Mn_3O_4 的峰，是整个 DTG 曲线中最大的峰，峰值为 0.063%/min。T_c = 325℃处，Mn_3O_4 继续还原为 MnO 形成峰。T_d = 435℃还有一个较矮小的峰，可能是由于木质素热解和 Fe_2O_3 还原叠加产生的。

2.7.6 生物质热解还原氧化锰矿的 DSC 曲线分析

生物质还原氧化锰矿的 TG 曲线、DTG 曲线和 DSC 曲线如图 2-33 所示。

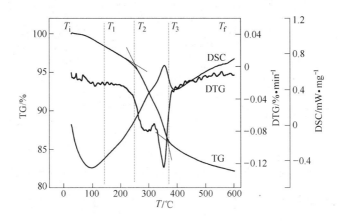

图 2-33 生物质还原氧化锰矿的 TG 曲线、DTG 曲线和 DSC 曲线

从图 2-33 中可看出，DSC 曲线显示生物质还原锰矿在不同阶段伴随不同的热效应。在干燥阶段（$T_i \sim T_1$）的脱表面水过程和第二阶段（$T_1 \sim T_2$）的脱结晶水过程，生物质和锰矿都会吸收热量，DSC 表现为一个强吸热峰，峰值温度在 100℃左右；主反应阶段由于生物质纤维素、半纤维素和部分木质素的分解和结焦，锰矿中 MnO_2 和部分 Fe_2O_3 的还原反应的放热，DSC 曲线在温度 350℃左右出现强的放热峰；第四阶段，包括剩余木质素分解和剩余物质结焦反应以及剩余 Fe_2O_3 的还原反应，DSC 表现为持续的放热现象。

生物质还原氧化锰矿的 DSC 曲线和生物质热解的 DSC 曲线的对比分析，可以发现它们的热效应有相同的趋势，说明生物质热解过程对其还原锰矿的热效应有很大的影响。但是由于生物质挥发分还原锰矿的过程放热现象不明显，导致它的热效应在 DSC 曲线上几乎被生物质热解过程所掩盖。模拟实验研究结果显示，生物质热解还原制备一氧化锰过程可看作生物质热解产生还原性挥发分过程和挥发分还原锰矿过程两个部分，因此通过以下简单的数据处理可以得到锰矿在挥发分还原过程的 DSC 曲线：生物质热解的 DSC 曲线向高温区移动为 12℃，将生物质热解还原锰矿的 DSC 数据按初始生物质加入的比例减去上述生物质 DSC 的数据，结果如图 2-34 所示。

从图 2-34 中可看出，根据 TG 曲线和 DTG 曲线将还原过程分为四个阶段：第一阶段（$T_i \sim T_1$）为脱表面水和结晶水阶段，DSC 曲线上表现为大的吸热峰；第二阶段主要为锰矿中的 MnO_2 被挥发分还原成 Mn_3O_4 的过程，DSC 曲线上也呈现一个小的放热肩峰；第三个阶段是 Mn_3O_4 被继续还原成 MnO 的过程，DSC 曲

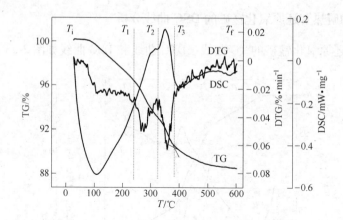

图 2-34 还原过程中氧化锰矿的 TG 曲线、DTG 曲线和 DSC 曲线

线显示放热峰，峰值温度在 350℃ 左右；第四阶段主要是锰矿中的 Fe 或其他组分的还原反应，DSC 曲线显示放热的钝峰。

通过生物质热解还原制备一氧化锰的热重分析，可以将整个反应过程分为脱表面水阶段、脱结晶水阶段、主反应阶段和缓慢还原阶段等四个阶段。其中，木质类生物质还原锰矿的还原速度比秸秆类高，而秸秆类生物质还原温度相对较低。热化学分析表明，生物质还原锰矿在不同的反应阶段具有不同的热效应，其热化学过程主要表现为生物质热解的吸放热过程，锰矿在挥发分还原过程的热化学过程表现为矿中 MnO_2 被生物质挥发分还原成 Mn_3O_4 的放热过程和 Mn_3O_4 被继续还原成 MnO 的放热过程。

2.7.7 生物质还原氧化锰矿热力学模型及实例

考虑计算结果能代表整个样品平均受热后特性，假设模型中受热是均匀的，通过圆柱形样品横截面半径，划分出一系列结点 n，每个结点通过传入的热量和传出的热量计算热平衡。边界条件是样品测温点的温度（样品中心点）和圆柱石墨熔炉壁的温度，也就是设定的升温速率下时间对应的温度。整个测量装置模型如图 2-35 所示。

假设圆柱石墨熔炉壁的轴向导热可以忽略不计，样品中心点的热通量设为零，其到圆柱石墨熔炉壁之间的热通量可以按照单层壁筒稳态热传导公式（式 (2-22)）进行计算：

$$Q = F_{1\text{-}2}\sigma(T_g^4 - T_s^4) \tag{2-22}$$

式中　Q——热通量，W/m^2；

$\quad\ F_{1\text{-}2}$——辐射角系数（无因次）；

$\quad\ \sigma$——斯蒂芬-玻耳兹曼常数；

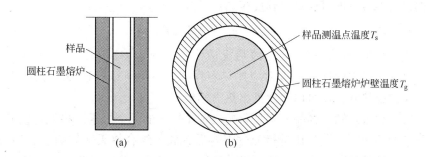

图 2-35 DSC-TG-DTG 分析测量模型图

（a）剖面图；（b）俯视图

T_s——样品测温点温度，℃；

T_g——圆柱石墨熔炉炉壁的温度，℃。

其中辐射角系数 $F_{1\text{-}2}$ 是样品材料和圆柱石墨熔炉材料发射率共同的函数。根据一维热传导方程：

$$\rho c_p \frac{\partial T}{\partial t} = k \frac{\partial}{\partial r}\Big(r \frac{\partial T}{\partial r}\Big) \tag{2-23}$$

式中　ρ——样品密度，kg/m^3；

　　　c_p——比热容，$J/(kg \cdot K)$；

　　　k——热传导系数，$W/(m \cdot K)$。

基于样品的最初密度，和式（2-22）、式（2-23），利用反转数字热分析方法可以得到一个计算方程：

$$\rho c_p = \frac{2\pi n \Delta r Q_{(t)}}{\Delta r^2 \pi/4\Delta t(T_0^t - T_0^{t-1}) + \Delta r^2 \pi/\Delta t\Big(n - \frac{1}{4}\Big)(T_n^t - T_n^{t-1}) + \sum_{i=1}^{n-1}\big[2\pi \Delta r^2 i/\Delta t(T_i^t - T_i^{t-1})\big]}$$

$$\tag{2-24}$$

式中　n——结点个数；

　　　T_i^t——结点 i 在时间 t 时的温度，℃；

　　　$Q_{(t)}$——时间 t 时的热通量，W/m^2；

　　　Δr——相邻结点间的距离，m；

　　　Δt——测量时间间隔，s；

　　　ρ——样品密度，kg/m^3。

为简化方程，其中结点之间温度假设为线性关系，满足公式：

$$T_{n+1} = T_n + (T_g - T_s)\Delta r/r \tag{2-25}$$

求得生物质与氧化锰矿混合的样品在圆柱石墨熔炉里的反应的表观比热容，

再根据式（2-24）即可计算得到反应热：

$$c_p = c_p^* + \Delta H/\Delta T \tag{2-26}$$

由式（2-26）可以知道，在放热反应中，比热容将减小，反之则增大。因此，通过反应过程中样品温度对应比热容作图，不但可以验证 DSC 曲线上对应的吸热峰和放热峰，还可以由此推出热力学模型。

由式（2-24）知，样品密度是影响表观比热容的一个因素。将氧化锰矿和生物质玉米秆按照不同质量比进行充分混合后，放入组合热天平的圆柱石墨坩埚。根据所用样品的体积和质量，便可以计算得到样品堆密度，见表 2-14。由于生物质的疏松性和低密度的特性，随着样品中生物质含量的增加，样品的密度逐渐下降。

表 2-14 生物质、氧化锰矿以及两者不同配比样品的密度

样 品		密度/kg·m^{-3}
玉米秆		310
二氧化锰矿石		2300
矿石/玉米秆	10∶1	1320
	10∶2	936
	10∶3	712
	10∶4	631
	10∶5	574

设定升温速率都为 10℃/min，从室温加热到 650℃。氧化锰矿与生物质玉米秆质量比为 10∶1 的样品的 DSC-TG-DTG 对应温度的曲线如图 2-36 所示，对应时间的曲线如图 2-37 所示。

将图 2-36 和图 2-37 中曲线数值导入 excel 中，把得到的样品温度 T_s 和加热

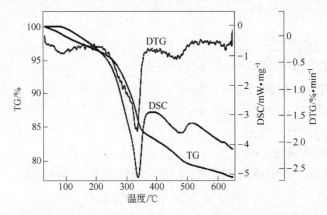

图 2-36 氧化锰矿与生物质质量比为 10∶1 时的 DSC-TG-DTG 对应温度曲线

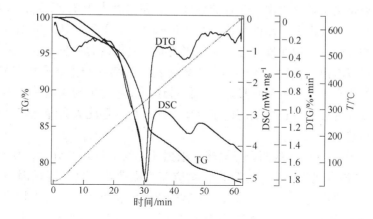

图 2-37 氧化锰矿与生物质质量比为 10∶1 时的 DSC-TG-DTG 对应时间曲线

温度 T_g 代入式（2-25），计算得到表观比热容对应反应体系温度的数值，绘制曲线（见图 2-38）。另外，为研究还原反应过程吸热反应或放热反应的温度范围和反应热，方便与生物质和氧化锰矿的混合样品实验结果比对，将生物质玉米秆和氧化锰矿各自单独存在下的表观比热容和温度的关系作为基准，测得表观比热容对应反应体系温度的曲线也绘于图 2-38 中。

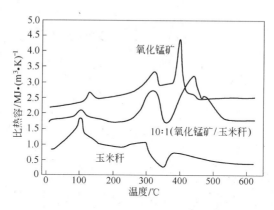

图 2-38 氧化锰矿与生物质反应过程表观比热容与温度的关系

由图 2-38 可见，生物质玉米秆比热容变化曲线在 100℃ 左右出现一个较强的吸热峰，其对应的是生物质脱水反应。从比热容数据可以得到生物质脱水开始一直到结束阶段水蒸气蒸发的吸热反应所吸收的热量。从 229℃ 开始，生物质玉米秆开始着火分解，吸热过程转变为放热过程。氧化锰矿单独存在下的比热容变化曲线也在 120℃ 左右出现吸热峰，其对应的是排除吸附水过程。在 310℃、400℃ 处对应的吸热峰为脱出结晶水过程。氧化锰矿和生物质质量比为 10∶1 的样品的表观比热容和温度对应的曲线在则在 280℃ 之前是简单的单组分叠加，即生物质玉米秆和氧化锰矿各自表观比热容的叠加，而在温度大于280℃后，表观比热容的变化又有了混合组分自己的特征。在280～360℃、360～520℃的温度区域呈现两个明显的吸热峰，说明发生了一氧化碳还原二氧化锰的吸热反应。另外从样品的吸热峰可以看出，其表观比热容大于氧化锰矿吸热峰和生物质放热峰的叠加，这说明生物质在燃烧后释放热量进一步促进还原反应。生物质这种自热还原剂的特性，不仅能促使吸热还原反应向正反应方向进行，还能大大降低实际反应所需要的外部加热量。

图2-38中只有明显的两个吸热峰，根据还原反应机理的分析，MnO_2逐步还原到MnO应该表现为三步还原反应，对应三个吸热峰，这可能是因为生物质的量不足，反应没有进行完全。增大生物质的用量，将氧化锰矿与生物质玉米秆的质量配比调整到10∶3，测量得到DSC-TG-DTG对应温度曲线（见图2-39）和DSC-TG-DTG对应时间的曲线（见图2-40）。

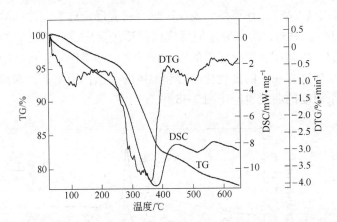

图2-39　氧化锰矿与生物质质量比为10∶3时的DSC-TG-DTG对应温度曲线

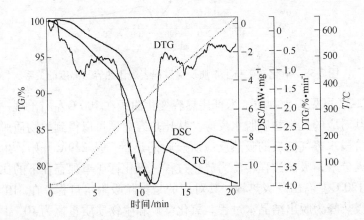

图2-40　氧化锰矿与生物质质量比为10∶3时的DSC-TG-DTG对应时间曲线

同样方法，将图2-39和图2-40中曲线数值导入 excel 中，得到样品温度 T_s 和加热温度 T_g，代入方程式（2-25），计算得到表观比热容对应反应体系温度的数值，绘制曲线（见图2-41）。从图2-41可以知道，氧化锰矿和生物质质量比为 10:3 的样品的表观比热容和温度对应的曲线同样在280℃之前是简单的单组分叠加，即生物质玉米秆和氧化锰矿各自表观比热容的叠加，然而从280℃开始，出现一个明显的吸热峰，同样吸收峰的峰值大于玉米秆的放热峰和锰矿脱水吸热峰的叠加。

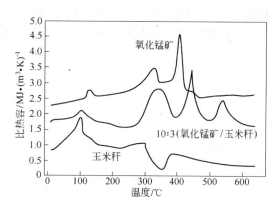

图2-41 氧化锰矿与生物质反应过程表观比热容与温度的关系

继续升高温度，在 390~480℃ 和 480~620℃ 又出现两个吸热峰。对这三个吸热峰积分计算面积，根据式（2-26）得到 ΔH 的值分别为 205.80J/mol、150.77J/mol、78.50J/mol。

从前面还原机理的探讨中，得知氧化锰矿在极性分子气体的还原作用下，是按照 $MnO_2 \rightarrow Mn_2O_3 \rightarrow Mn_3O_4 \rightarrow MnO$ 三步历程进行还原反应的。根据 Mn 的各价氧化物热力学数据，计算得到各步还原反应的理论值，列于表2-15中。

表2-15 Mn 的氧化物热力学数据

形 态	$\Delta H_f / \text{J} \cdot \text{mol}^{-1}$	$\Delta G_f / \text{J} \cdot \text{mol}^{-1}$	$S / \text{J} \cdot \text{mol}^{-1}$
MnO 固体	−385	−363	60.2
MnO_2 固体	−521	−466	53.1
Mn_2O_3 固体	−971	—	
Mn_3O_4 固体	−1387	−1280	148

从计算结果可以看出，将氧化锰矿和生物质配比 10:3 的混合物分别在 300℃、400℃和500℃的反应温度下反应30min，然后分别取样做 XRD 分析，结果如图2-42所示。由图2-42可见，在反应温度300℃时，锰矿中的 MnO_2 被部分还原，主要以 Mn_2O_3；400℃时，谱图上出现许多 Mn_3O_4 晶相的峰；在500℃时，

主要为 MnO 的峰，MnO$_2$ 峰的出现是因为 MnO 被空气中的氧气再次氧化。XRD 的分析结果表明三步还原反应是耦合的，即在温度区域 280～390℃ 发生 MnO$_2$→ Mn$_2$O$_3$ 的还原反应，同时生成的 Mn$_2$O$_3$ 会部分发生 Mn$_2$O$_3$→Mn$_3$O$_4$ 的反应。所以由于反应耦合，造成由吸热峰的面积计算得到的反应热偏离理论值。而且在理论计算中，未考虑生物质自热作用，实际上生物质玉米秆从 220℃ 受热着火开始，在反应过程中持续放热，在 500℃ 时基本燃烧完全，所以 280～390℃、390～480℃ 区域吸热峰对应的反应热会小于理论反应热，而 480～620℃ 温度区域没有生物质供热，另外耦合反应 Mn$_2$O$_3$→Mn$_3$O$_4$ 还要吸收部分热量，造成实际反应热大于理论反应热。因此，可以验证二氧化锰的还原反应按照高价态到低价态逐步进行，足量的生物质可以将 MnO$_2$ 充分还原到 MnO。

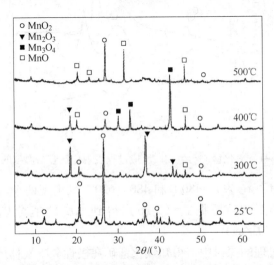

图 2-42　不同反应温度下的生物质还原氧化锰矿产物的 XRD 谱图

　　三个放热峰分别对应三步还原反应：在 280～390℃ 温度区域，主要发生 MnO$_2$ 还原为 Mn$_2$O$_3$ 的反应，同时有部分 Mn$_2$O$_3$ 被还原为 Mn$_3$O$_4$；在 390～480℃ 温度区域，主要发生 Mn$_2$O$_3$ 还原为 Mn$_3$O$_4$ 的反应，同时有部分 Mn$_3$O$_4$ 被还原为 MnO，以及部分未被还原的 MnO$_2$ 继续被还原为 Mn$_2$O$_3$；在 480～620℃ 温度区域，主要发生 Mn$_3$O$_4$ 还原为 MnO 的反应，同时部分未被还原的 Mn$_2$O$_3$ 继续被还原为 Mn$_3$O$_4$。

2.8　本章小结

　　本章对生物质的组成及其分析指标进行了概述，并从生物质的热解进程、生物质热解主要成分及热解产物、生物质分解过程与途径、生物质热解的物质、能量传递过程和生物质热解过程的影响因素等五个方面对生物质热解过程原理进行了阐述。

利用热重分析研究了生物质的热解过程，表明生物质热解过程可分为脱表面水、脱结合水、快速热解和缓慢热解四个阶段，并且木质类生物质热解生成的挥发分比例比秸秆类生物质高，而秸秆类生物质的热解温度比木质类生物质低；热解动力学研究表明生物质热解在不同的温度区间表现不同的一级动力学特性，其活化能小于100kJ/mol；热解产物分析表明生物质热解产物主要包括固态、液态和气态产物，其中固态产率约25%、液态产率约40%、气态产率约35%，气态产物主要由 CO_2、CO、H_2、CH_4、C_2H_4 和 C_2H_6 组成，固态产物主要由 C、O 元素组成，S、Cl 和碱金属的含量较小，液态产物包括烃类和有机含氧化合物。

通过对生物质热解还原氧化锰矿的热重分析表明：在无氧条件下，生物质热解还原氧化锰矿过程可分为四个阶段：脱表面水阶段、脱结晶水阶段、主反应阶段和缓慢还原阶段，其中木质类生物质还原锰矿的还原速度比秸秆类高，而秸秆类生物质还原温度相对较低。热化学分析表明生物质热解还原锰矿在不同的反应阶段具有不同的热效应，其热化学过程主要表现为其中生物质热解的吸放热过程，锰矿被生物质挥发分还原成 Mn_3O_4 的放热过程和 Mn_3O_4 被继续还原成 MnO 的放热过程；在低氧条件下，氧化锰矿受热会进行热分解，表现为吸热过程。在650℃以下，吸热过程主要是排除吸附水和脱出结晶水的过程。添加生物质后，反应温度达到280℃时氧化锰矿开始被还原。还原反应主要集中在 280~390℃、390~480℃和480~620℃这三个区域，表现为不同的吸热峰和反应动力学，其表观活化能分别为 470kJ/mol、510kJ/mol 和430kJ/mol。

＊＊＊＊＊＊＊＊＊＊＊＊＊＊＊＊＊＊＊＊＊＊＊＊＊＊＊＊＊＊＊＊＊＊＊＊

参 考 文 献

[1] http：//www.nevfocus.com/news/20101212/1696.html.

[2] Skreiberg A, Skreiberg O, Sandquist J, Sorum L. TGA and macro-TGA characterisation of bio-mass fuels and fuel mixtures[J]. Fuel, 2011, 90(6): 2182~2197.

[3] Skodras G, Grammelis P, Basinas P, Kakaras E, Sakellaropoulos G. Pyrolysis and combustion characteristics of biomass and waste-derived feedstock [J]. Ind. Eng. Chem. Res., 2006, 45 (11): 3791~3799.

[4] Demirbas A. Mechanisms of liquefaction and pyrolysis reactions of biomass[J]. Energy Conversion and Management, 2000, 41(6): 633~646.

[5] 陈拂，罗永浩，陆方，等. 生物质热解机理研究进展[J]. 工业加热，2006, 35(5): 4~8.

[6] Vamvuka D, Kakaras E, Kastanaki E, Grammelis P. Pyrolysis characteristics and kinetics of bi-omass residuals mixtures with lignite[J]. Fuel, 2003, 82(15~17): 1949~1960.

[7] 杜瑛，齐卫艳，苗霞，等. 毛竹的主要化学成分分析及热解[J]. 化工学报，2004, 55

(12)：2099～2102.

[8] http：//www. zgllswz. com/artItem/377. html.

[9] 余春江，张文楠，骆仲泱，等．流化床中单颗粒纤维素热解模型研究[J]．太阳能学报，2002，23(1)：87～95.

[10] Slopiecka K, Bartocci Pi, Fantozzi F. Thermogravimetric analysis and kinetic study of poplar wood pyrolysis[J]. Applied Energy, 2012, 97：491～497.

[11] Cai J M, Alimujiang S. Kinetic analysis of wheat straw oxidative pyrolysis using thermogravimetric analysis：statistical description and isoconversional kinetic analysis[J]. Ind. Eng. Chem. Res. , 2009, 48(2)：619～624.

[12] 杨海明，韩成利，吴也平，等．生物质的热裂解[J]．高师理科学刊.2008，28(3)：56～60.

[13] Granada E, Eguía P, Vilan J A, Comesaña J A, Comesaña R. FTIR quantitative analysis technique for gases. Application in a biomass thermochemical process[J]. Renewable Energy, 2012, 41：416～421.

[14] Castillo S, Bennini S G, Traverse J P. Pyrolysis mechanisms studied on labeled lignocellulosic materials：method and results[J]. Fuel, 1989, 68：174～177.

[15] Yang H P, Yan R, Chen H P, ect. Characteristics of hemicellulose, cellulose and lignin pyrolysis[J]. Fuel, 2007, 86：1781～1788.

[16] 鄢丰. 生物质快速热解及其半焦水蒸气气化研究[D]. 武汉：华中科技大学，2010，5.

[17] Evans R J, Milne T A. Molecular characterization of the pyrolysis of biomass：1. Fundamentals [J]. Energy&Fuels, 1987a, 1：123～138.

[18] Evans R J, Milne T A. Molecular characterization of the pyrolysis of Biomass：2. Applications [J]. Energy&Fuels, 1987b, 1：311～319.

[19] Kim K S, Yang J H, Kang K W, Song K W. Measurement of Gd content in (U,Gd)O_2 using thermal gravimetric analysis. J. Nucl. Mater. , 2004, 325(2,3)：129～133.

[20] Thongpin C, Juntum J, Sa-Nguan-Mool R, Suksa-Ard A, Sombatsompop N. Thermal stability of PVC with γ-APS-*g*-MMT and zeolite stabilizers by TGA technique[J]. Journal of Thermoplastic Composite Materials, 2010, 23：435～445.

[21] Gani A, Naruse I. Effect of cellulose and lignin content on pyrolysis and combustion characteristics for several types of biomass[J]. Renewable Energy, 2007, 32：649～661.

[22] Antal M J, Friedmant H L, Rogers F E, Kinetics of cellulose pyrolysis in nitrogen and steam [J]. Combustion Science and Technology, 1980, 21：141～152.

[23] Volker S, Rieckmann T, Thermokinetic investigation of cellulose pyrolysis impact of initial and final mass on kinetic results[J]. Journal of Analytical and Applied Pyrolysis, 2002, 62：165～177.

[24] Goldberg V M, Todinova A V, Shchegolikhin A N, Varfolomeev S D. Kinetic Parameters for solid-phase polycondensation of L-aspartic acid：comparison of thermal gravimetric analysis and differential scanning calorimetry data[J]. Polymer Science, Ser. B, 2011, 53(1)：105～110.

[25] 马孝琴. 生物质燃烧动力学特性实验研究[J]. 可再生能源, 2004, 6(118): 18~22.

[26] 秦育红. 生物质气化过程中焦油形成的热化学模型[D]. 太原: 太原理工大学, 2009.

[27] Mehrabian R, Scharler Rc, Obernberger I. Effects of pyrolysis conditions on the heating rate in biomass particles and applicability of TGA kinetic parameters in particle thermal conversion modeling[J]. Fuel, 2012, 93, 567~575.

[28] Lapuerta M, Hernandez J J, Rodriguez J. Kinetics of devolatilisation of forestry wastes from thermogravimetric analysis[J]. Biomass&Bioenergy, 2004, 27(4): 385~391.

[29] Coats A W, Redfern J P. Kinetic parameters from thermogravimetric data[J]. Nature, 1964, 201(4914): 68~69.

3　生物质热解还原氧化锰矿机理及动力学

传统冶金的热还原主要以碳还原为主，参加还原的主要物质为碳及一氧化碳，相对而言其反应机理比较清楚。通过比较生物质、煤及褐煤还原氧化锰发现：生物质还原氧化锰矿可大幅度降低还原温度，由煤还原温度 850℃ 降低至 500℃ 以下。为何产生如此大的差别，必须研究反应本质及机理。通过研究不同物质包括 H_2、CO、生物质焦油及生物质本身还原氧化锰矿的规律，同时从热力学（thermodynamics）和动力学（kinetics）深入研究还原氧化锰矿的本质。揭示生物质热解还原氧化锰矿的机理，为该技术的进一步工业利用奠定理论基础。

3.1　实验原料及方法

本实验选用的生物质原料为来自广西桂林的竹粉，其成分和处理方法与第 2 章生物质热解实验的相同。生物质液态焦油通过管式炉，在氮气保护下，快速加热该竹粉至 300 ~ 400℃，冷凝收集得到 30% ~ 40% 的生物质液态焦油产品直接用于实验。

实验中采用的分析纯 MnO_2、Fe_2O_3 和 SiO_2 均购自上海谱振生物科技有限公司。低品位氧化锰矿取自广西来宾，呈深黄褐色，表观易黏结，呈松散状，其成分分析见表 3-1。其中 Mn 的含量为 19.07%，Fe 的含量为 13.00%，Si 的含量为 14.64%，Cu、Zn、Co 和 Ni 的含量在 0.1% 左右。用振动球磨机将矿石粉碎后研磨、筛分，得到粒径为 0.07 ~ 0.10mm 的矿物颗粒，110℃ 下 3h 烘干，备用。

表 3-1　氧化锰矿的元素组成　　　　　　（%）

元素	Mn	Fe	Al	Si	Ca	Mg	Cu	Pb	Zn	Co	Ni
质量分数	19.07	13.00	4.22	14.64	1.20	0.30	0.040	0.018	0.070	0.027	0.16

将氧化物（氧化锰矿、纯品 MnO_2 或 Fe_2O_3）和生物质及代表组分按一定比例混合均匀后移入石英舟中，放入预加热到一定温度的管式炉中，进行还原反应，放入样品前先向管式炉（流速为 2L/min）通入 15min 的氮气或混合气体以得到预设的还原气氛。焙烧一定时间后，将物料取出，放入预先加入 100mL 浓度为 1mol/L 硫酸溶液的 250mL 烧杯里，80℃ 水浴中持续磁力搅拌浸取 1h，浸取搅拌速度为 400r/min，过滤后水洗 3 次，合并滤液，得到一氧化锰浸出液，定容至 250mL 后，分析其中 Mn 和 Fe 的浓度。在氮气保护下，将测试 XRD 用的样品

取出后，快速冷却至室温。

3.2 煤、褐煤与生物质还原氧化锰矿比较

通过对比煤、褐煤及生物质还原氧化锰矿的实验（见图3-1和图3-2）可以看出：生物质在300℃温度时就能还原氧化锰矿，还原率达到80%以上，温度至400℃，锰的还原率可以达到90%以上。褐煤可在600℃以上发生还原反应，还原可以达到60%以上，但要使还原率达到90%，还原温度必须达到800℃以上。而煤还原氧化锰矿在800℃才发生还原反应。由此可以看出，生物质、煤及褐煤还原氧化锰矿的机理存在较大区别。

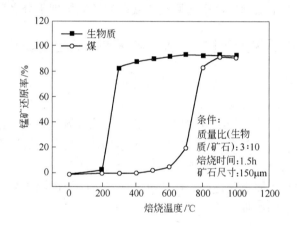

图3-1 不同温度下生物质和煤对锰矿的还原率

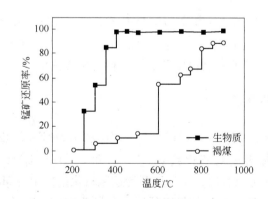

图3-2 不同温度下生物质和褐煤制备 MnO 的还原率

煤还原氧化锰矿的主要还原反应为[1]：$2MnO_2 + C \stackrel{}{=\!=\!=} MnO + CO_2$，同时 CO 可能参与还原反应：$CO + MnO_2 \stackrel{}{=\!=\!=} MnO + CO_2$，其反应机理较为清楚。褐煤是一种低热值的煤炭，是发育不完全、处于无烟煤和泥炭之间状态的煤。褐煤含挥发分

较高，因此较容易进行液化或气化[2,3]，低温裂解主要得到煤焦油液态产品[4]。褐煤含有羧基、酚羟基、醌基、甲氧基和醚键等官能团，在低温热解过程中与生物质低温热解有相似之处，在氧化锰还原过程中不纯粹是 C 及 CO 参与还原[5,6]，因此降低了反应温度。

第 2 章研究表明，生物质低温裂解不但产生气态产物（主要由 H_2、CO、CO_2、CH_4 和其他低碳烷烃组成），同时主要产生液态焦油（由组成非常复杂的有机化合物构成，涵盖芳香类、酚类、醛类、酯类、酸类、胺类、醇类、醚类、烷烃类、烯烃类和酮类）。

因此，进行生物质各个裂解产物如 H_2、CO 和液态焦油中的多种组分还原氧化锰矿的研究，对于探索生物质还原氧化锰矿的还原机理十分必要。

3.3　模拟生物质热解产生的各种产物还原氧化锰的研究

生物质热解研究表明：生物质的热解产物主要由固态产物、液态产物和气态产物组成，其中固态产物主要由 C 元素组成，气态产物主要由 CO_2、CO、H_2 和气态烷烃组成，而液体产物组分主要是烃类和有机含氧化合物。前面的试验确定煤炭还原氧化锰矿的温度在 800℃以上，而生物质具有在较低温度下将二氧化锰还原为一氧化锰的能力。本章选取生物质及 H_2、CO 和液态焦油作为热解产物的代表组分，研究其还原氧化锰矿、纯 MnO_2 和 Fe_2O_3 的还原规律，以揭示生物质热解还原氧化锰矿的机理。

3.3.1　氧化锰还原过程研究

选取了生物质、H_2、CO 和生物质热解液态焦油作为还原剂，以模拟生物质热解产生的单一组分还原氧化锰矿的过程，研究其分别还原氧化锰矿、纯 MnO_2 和 Fe_2O_3 的还原率、还原温度范围和还原过程的价态变化。

3.3.1.1　竹粉还原

将 1g 竹粉分别与 10g 氧化锰矿、3g MnO_2 和 1.5g Fe_2O_3 混合，在不同温度下焙烧 15min，还原温度对氧化锰矿、MnO_2 和 Fe_2O_3 的还原率的影响如图 3-3（a）所示。由图 3-3 可以看出，生物质开始还原氧化锰矿中的 MnO_2 和 Fe_2O_3 的温度都在 200℃以上，Mn 和 Fe 的最终还原率分别为 100% 和 50% 左右。生物质还原氧化锰矿比还原纯 MnO_2 和 Fe_2O_3 具有更好的效果。其中还原氧化锰矿中的 MnO_2 的温度范围为 200～400℃，而还原纯 MnO_2 温度范围为 300～500℃；还原氧化锰矿中的 Fe_2O_3 的温度范围为 250～450℃，而还原 Fe_2O_3 温度范围为 350～500℃。

生物质在不同温度下还原氧化锰矿、MnO_2 和 Fe_2O_3 的产物 XRD 图（见图 3-3（b）~（d））表明，生物质还原氧化锰矿中的 MnO_2 的中间产物为 Mn_3O_4、产物为 MnO，而生物质还原 MnO_2 和 Fe_2O_3 时 Mn 和 Fe 的价态变化分别是 $MnO_2 \rightarrow Mn_2O_3 \rightarrow Mn_3O_4 \rightarrow MnO$ 和 $Fe_2O_3 \rightarrow Fe_3O_4$。

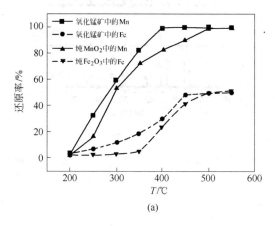

(a)

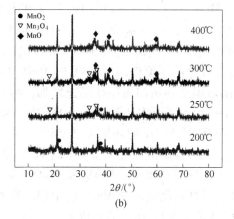

(b)

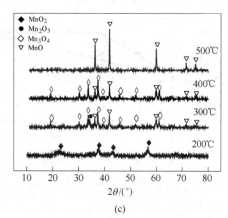

(c)

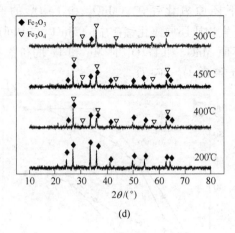

(d)

图3-3 生物质还原氧化锰矿、MnO_2 和 Fe_2O_3 的还原率（a）及产物 XRD 分析(b)~(d)

3.3.1.2 H_2 还原

分别称取锰矿、MnO_2 和 Fe_2O_3 的量为 10g、3g 和 1.5g，按 N_2：H_2 为 9：1 通入 N_2 和 H_2 的混合气体，总流量为 2L/h，还原温度对氧化锰矿、MnO_2 和 Fe_2O_3 的还原率影响如图 3-4 所示。由图 3-4(a) 可以看出：H_2 对氧化锰矿中的 MnO_2 和 Fe_2O_3 都具有较好的还原作用，300℃时 MnO_2 和 Fe_2O_3 的还原率分别为 65% 和 24%，并且随着温度的增加还原率迅速增加，400℃时 MnO_2 的还原率达到 100%，550℃时 Fe_2O_3 的还原率达到 96%；H_2 对纯 MnO_2 和 Fe_2O_3 的还原效果比氧化锰矿差，300℃时 MnO_2 的还原率为 58%，完全还原 MnO_2 的温度为 550℃，开始还原 Fe_2O_3 的温度为 350℃，550℃时 Fe_2O_3 的还原率只有 82%。

H_2 在不同温度下还原氧化锰矿、MnO_2 和 Fe_2O_3 的产物 XRD 图（见图 3-4 (b)~(d)）表明：H_2 还原氧化锰矿和 MnO_2 的中间产物和终产物都是 Mn_3O_4 和 MnO，而还原 Fe_2O_3 时先生成 Fe_3O_4、后生成 Fe。

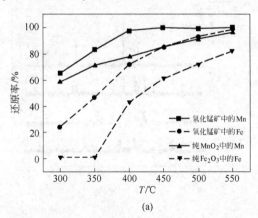

(a)

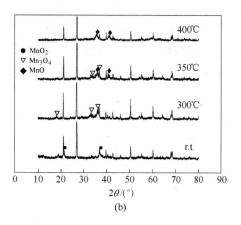

(b)

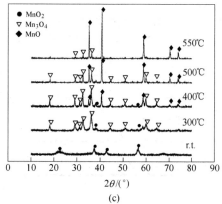

(c)

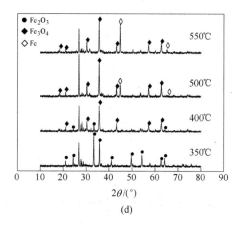

(d)

图 3-4　H_2 还原氧化锰矿、MnO_2 和 Fe_2O_3 的还原率（a）及产物 XRD 分析(b)~(d)

3.3.1.3　CO 还原

分别称取氧化锰矿、MnO_2 和 Fe_2O_3 的质量分别为 10g、3g 和 1.5g，N_2：CO

体积比为 4∶1, 混合气体的总流量为 2L/h 的条件下, 还原温度对氧化锰矿、MnO_2 和 Fe_2O_3 的还原率的影响如图 3-5 所示。由图 3-5(a) 可以看出: CO 还原氧化锰矿中的 Fe_2O_3 和 MnO_2 的还原作用比 H_2 要差一些, 300℃和 550℃时, MnO_2 的还原率分别为 30%和 68%, Fe_2O_3 的还原率分别为 24%和 50%。CO 还原纯

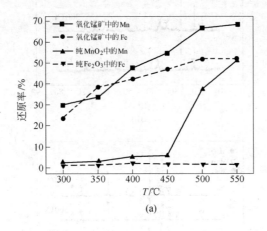

(a)

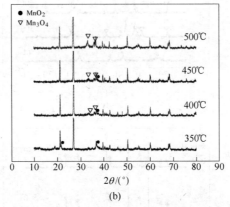

(b)

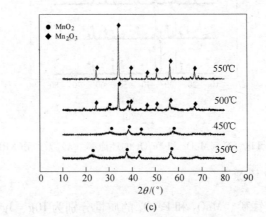

(c)

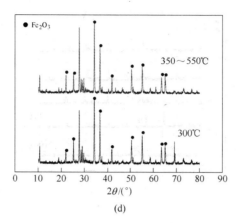

(d)

图 3-5 CO 还原氧化锰矿、MnO_2 和 Fe_2O_3 的还原率（a）及产物 XRD 分析（b）~（d）

MnO_2 和 Fe_2O_3 比还原氧化锰矿的效果更差，400℃ 以下 MnO_2 几乎没有反应、550℃ 为 51% ，300~550℃ 时，Fe_2O_3 的还原率都不超过 5% 。

从 CO 在不同温度下还原氧化锰矿、MnO_2 和 Fe_2O_3 的产物 XRD 图（见图 3-5（b）~（d））可以看出：CO 还原氧化锰矿中 MnO_2 的还原产物为 Mn_3O_4，还原 MnO_2 时先经历一个晶型变化，然后生成 Mn_2O_3；还原 Fe_2O_3 产物估计是 Fe_3O_4。

3.3.1.4 竹粉热解液态焦油还原

称取氧化锰矿为 10g、MnO_2 为 3g 和 Fe_2O_3 为 1.5g，分别与 0.75g 液态焦油混合，还原时间为 15min，还原温度对 Fe_2O_3、MnO_2 还原率的影响如图 3-6 所示。由图 3-6（a）可以看出：液态焦油对氧化锰矿和 MnO_2 的还原效果几乎相同，在 75℃ 时还原率就达到了 50% 左右，并随着温度的上升分阶段性地增加，175~225℃ 下还原率为 60% 左右，275~325℃ 达到约 92% ，350℃ 以上达到几乎 100% 。生物质对氧化锰矿中的 Fe_2O_3 和纯 Fe_2O_3 的还原效果差别很大，其中还

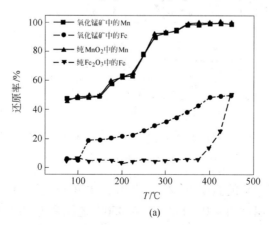

(a)

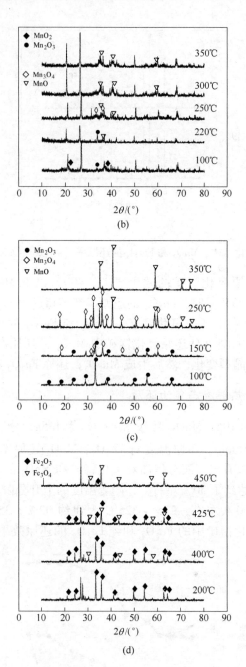

图 3-6　热解液态焦油还原氧化锰矿、MnO_2 和 Fe_2O_3 的

还原率(a)及产物 XRD 分析(b) ~ (d)

原氧化锰矿中的 Fe_2O_3 的温度为 125 ~ 400℃，在 400℃ 还原率达到 50% 左右；还原纯 Fe_2O_3 的反应温度为 400 ~ 450℃，在 450℃ 还原率为 50% 左右。

热解液态焦油在不同温度下还原氧化锰矿、MnO_2 和 Fe_2O_3 的产物 XRD 图（见图 3-6（b）~（d））表明：热解液态焦油还原氧化锰矿中的 MnO_2 和纯 MnO_2 时也经历了 Mn_2O_3 和 Mn_3O_4 两个中间产物，Mn_2O_3 主要在 100~200℃ 范围存在，Mn_3O_4 主要存在于 250℃ 的产物中，300℃ 以上主要产物为 MnO，而热解液态焦油还原 Fe_2O_3 的产物为 Fe_3O_4。

将生物质、H_2、CO 和热解液态焦油分别还原氧化锰矿、MnO_2 和 Fe_2O_3 的还原率、价态变化和温度总结于表 3-2 中。由表 3-2 可知：H_2 还原 MnO_2 时没有经历中间产物 Mn_2O_3，直接生成 MnO，而还原 Fe_2O_3 时有 Fe 生成；CO 对 MnO_2 和 Fe_2O_3 的还原效果则不如生物质。因此可以推测，生物质热解还原氧化锰矿的主要还原物质不是生物质热解气态产物中的 H_2 和 CO。生物质和其热解液态焦油对 MnO_2 和 Fe_2O_3 的还原效果无论还原率还是温度范围都相吻合，可以推断生物质还原氧化锰矿可能是生物质热解产生的热解液态焦油对氧化锰矿中 MnO_2 和 Fe_2O_3 的还原。

表 3-2　不同还原剂对氧化锰矿还原效果的对比分析

还原剂		矿中 MnO_2	MnO_2	矿中 Fe_2O_3	Fe_2O_3
生物质	还原率/%	32~99	16~99	6~48	5~51
	价态变化	$MnO_2 \rightarrow Mn_2O_3$ $\rightarrow Mn_3O_4 \rightarrow MnO$	$MnO_2 \rightarrow Mn_2O_3$ $\rightarrow Mn_3O_4 \rightarrow MnO$	$Fe_2O_3 \rightarrow Fe_3O_4$	$Fe_2O_3 \rightarrow Fe_3O_4$
	温度范围/℃	250~400	250~500	250~450	350~500
H_2	还原率/%	65~100	58~98	24~96	2~72
	价态变化	$MnO_2 \rightarrow Mn_3O_4$ $\rightarrow MnO$	$MnO_2 \rightarrow Mn_3O_4$ $\rightarrow MnO$	$Fe_2O_3 \rightarrow Fe_3O_4$ $\rightarrow Fe$	$Fe_2O_3 \rightarrow Fe_3O_4$ $\rightarrow Fe$
	温度范围/℃	300~400	300~550	300~550	350~550
CO	还原率/%	30~69	24~52	2~51	——
	价态变化	$MnO_2 \rightarrow Mn_3O_4$	$MnO_2 \rightarrow Mn_2O_3$	$Fe_2O_3 \rightarrow Fe_3O_4$	——
	温度范围/℃	300~550	300~550	450~550	——
热解液态焦油	还原率/%	47~99	46~99	6~50	5~51
	价态变化	$MnO_2 \rightarrow Mn_2O_3$ $\rightarrow Mn_3O_4 \rightarrow MnO$	$MnO_2 \rightarrow Mn_2O_3$ $\rightarrow Mn_3O_4 \rightarrow MnO$	$Fe_2O_3 \rightarrow Fe_3O_4$	$Fe_2O_3 \rightarrow Fe_3O_4$
	温度范围/℃	75~350	75~350	100~400	375~450

生物质及 H_2、CO 和热解液态焦油还原氧化锰矿时还原时间对还原率的影响如图 3-7 所示。结果表明：H_2 还原氧化锰矿时还原率达到 100% 的反应时间是 15min，而 CO 反应 20min 后还原率只有 70%，生物质和热解液态焦油的反应时间为 5min，进一步说明生物质热解还原氧化锰矿的直接还原物质可能是生物质

热解产生的液态焦油。

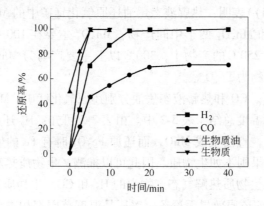

图 3-7　不同还原剂还原氧化锰矿的还原率分析

　　将生物质和热解液态焦油按不同配比还原氧化锰矿（见图 3-8），可发现当生物质与锰矿的比例为 1.0：10 时，还原率达到 100%，但是将 1g 生物质产生的液态焦油（产率按 40% 计算）与锰矿反应时的还原率只有 70% 左右，完全还原锰矿所需的液态焦油的量为 0.75g，相当于 1g 生物质热解产生的总挥发分的量。结合热解液态焦油分阶段逐步还原氧化锰矿的特性，可以解释为生物质热解还原氧化锰矿的还原物质是其热解的挥发分，其还原过程从生物质热解产生初级挥发分就已经开始，初级挥发分还原氧化锰矿和初级焦进一步热解是同时进行的。

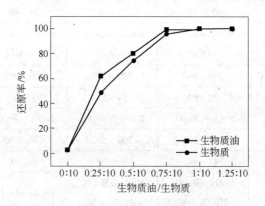

图 3-8　生物质和生物质热解液体产物焦油以

不同配比还原氧化锰矿的还原率分析

　　生物质热解还原制备一氧化锰的反应过程如图 3-9 所示。生物质的三种主要组分纤维素、半纤维素和木质素先发生初级热解反应生成初级挥发分和初级焦，接着生成的初级挥发分和锰矿中二氧化锰反应生成一氧化锰。因此，生物质热解还原制备一氧化锰的过程可以看作是由生物质热解产生有机挥发分和挥发分还原氧化锰矿两个部分组成。

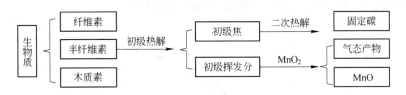

图 3-9 生物质热解还原制备一氧化锰的反应过程

在生物质热解还原制备一氧化锰的过程中，氧化锰矿中的 Mn 元素的价位逐步从高价态还原到低价态，其历程如下：

$$MnO_2 \rightarrow Mn_2O_3 \rightarrow Mn_3O_4 \rightarrow MnO \tag{3-1}$$

生物质热解还原制备一氧化锰的反应过程是气态的还原性挥发分先与锰矿颗粒表面的 MnO_2 反应，通过固相产物壳层向内扩散，反应到一定时间后，锰矿逐渐被还原成具有 MnO 外层，Mn_2O_3、Mn_3O_4 夹层和 MnO_2 未反应核的多孔性颗粒，还原性气体通过这些孔隙，进一步将 Mn_2O_3、Mn_3O_4 及 MnO_2 还原为 MnO。涉及的反应方程为：

$$MnO_2 + C_xH_yO_z \longrightarrow Mn_2O_3 + g \tag{3-2}$$

$$Mn_2O_3 + C_xH_yO_z \longrightarrow Mn_3O_4 + g \tag{3-3}$$

$$Mn_3O_4 + C_xH_yO_z \longrightarrow MnO + g \tag{3-4}$$

联立反应方程式(3-2)~式(3-4)得到：

$$MnO_2 + C_xH_yO_z \longrightarrow MnO + g \tag{3-5}$$

3.3.2 氧化锰矿组分对还原的效果影响研究

生物质及其热解产物对氧化锰矿和纯氧化物的还原效果的综合对比（见表3-2）可以发现，相对于纯化合物，所有还原剂对氧化锰矿中的 Fe_2O_3 比纯 Fe_2O_3 具有更好的还原效果，对氧化锰矿中的 MnO_2 的还原也比还原纯 MnO_2 显示更好的活性。其原因可能有以下几点：氧化锰矿中其他组分的催化作用，或氧化锰矿对生物质挥发分有更强的吸附能力。将 MnO_2、Fe_2O_3 和 SiO_2（氧化锰矿主要组分）两两混合模拟氧化锰矿组分，以研究生物质热解还原氧化锰矿和还原纯氧化物时产生还原差异的原因。

（1）Fe_2O_3 和 SiO_2 对 MnO_2 还原率的影响。将 3g MnO_2、1.5g Fe_2O_3（或 SiO_2）和 1g 竹粉混合，在不同温度下还原焙烧 15min，得到的 Mn 的还原率曲线图（见图 3-10）。对比生物质竹粉还原氧化锰矿和 MnO_2 的还原率发现，MnO_2 无

论和 Fe_2O_3 或 SiO_2 混合都使其在不同温度下达到了和锰矿几乎相同的还原率，这说明生物质对氧化锰矿的还原效果比 MnO_2 好的原因是低品位氧化锰矿中的其他组分包括 Fe_2O_3 和 SiO_2 增加了生物质热解的还原能力。

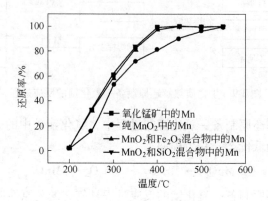

图 3-10　氧化锰矿组分对 MnO_2 的还原率的影响

（2）MnO_2 和 SiO_2 对 Fe_2O_3 还原率的影响。将 1.5g Fe_2O_3、3g MnO_2（或 SiO_2）和 1g 竹粉混合，在不同温度下还原焙烧 15min 时，得到 Fe 的还原率曲线图（见图 3-11）。同样对比生物质还原氧化锰矿和 Fe_2O_3 的还原率，结果显示 SiO_2 对生物质还原 Fe_2O_3 几乎没有影响，而 MnO_2 的加入明显地降低了生物质还原 Fe_2O_3 的温度范围，其原因可能是 MnO_2 在还原过程中同时催化了 Fe_2O_3 的还原，而 SiO_2 不具有此催化作用。

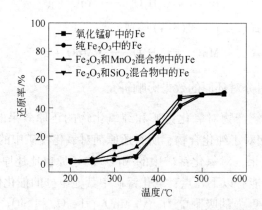

图 3-11　氧化锰矿组分对 Fe_2O_3 的还原率的影响

通过以上 MnO_2、Fe_2O_3 和 SiO_2 两两混合模拟氧化锰矿的组分对生物质还原 MnO_2 和 Fe_2O_3 的实验表明：氧化锰矿中的 Fe_2O_3 和 SiO_2 具有增加 MnO_2 还原率的效果，同时 MnO_2 对生物质还原 Fe_2O_3 也具有一定的催化作用。

通过以上研究可以确定：生物质热解还原氧化锰矿的主要还原物质为生物质

热解产生的液态焦油成分。生物质还原从反应机理上与碳还原过程完全不同，因此可以大幅度降低反应温度，同时在还原过程中 Fe_2O_3 和 SiO_2 具有增强 MnO_2 还原的效果。

3.4 生物质还原氧化锰矿工艺研究

考察生物质热解还原氧化锰矿工艺参数与生物质与氧化锰矿的配比、还原温度、还原时间、生物质粒度、生物质种类、生物质组分、锰矿粒度、氧化锰矿品位等因素的关系，确定工艺参数是工业设计的核心。

3.4.1 生物质/氧化锰矿配比对锰还原率影响

试验条件：颗粒大小 $0.18 \sim 0.25$mm 的竹粉，还原时间 15min，充入纯氮气，快速升温。考察生物质与锰矿的配比（质量比）对锰矿还原率的影响，结果如图 3-12 所示。

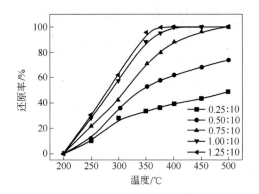

图 3-12 生物质/锰矿配比对氧化锰矿还原率的影响

由图 3-12 可看出，生物质/锰矿比值是影响氧化锰矿还原率的一个重要因素。随着生物质/锰矿配比的增加，氧化锰矿中 MnO_2 的还原率提高，当生物质/锰矿比为 0.75 : 10 时，还原率达到 100%。生物质/锰矿比为 0.75 : 10、1.00 : 10 和 1.25 : 10 时，完全还原锰矿的最低焙烧温度分别为 500℃、400℃和375℃，而且反应速率明显增大。原因是生物量增大，热解时产生的还原物质量越多，其还原效果也会增大。当温度升高至 270 ~ 450℃时为炭化阶段，这时竹粉热分解反应剧烈，伴随产生大量的热分解产物，生成的气体中 CO_2 和 CO 的量逐渐减少，而碳氢化合物如甲烷、乙烯、烯烃类及各种活性高能的氢自由基和羟基则逐渐增多；生成的液体主要有乙酸、甲醇、丙酮和木焦油，这些物质加速了锰矿中二氧化锰的还原。同时这一阶段为放热反应阶段，自身的放热维持了还原反应，相对降低了供热，节约了能源消耗。

得出生物质与物料配比为生物质/锰矿比值为1∶10、反应温度为400℃时锰矿还原率达到100%。同程卓和宋静静等采用生物质燃烧还原氧化锰矿工艺（其生物质/锰矿配比为（2～3）∶10，还原温度为500～600℃，锰矿还原率为90.2%）相比，具有一定优势。因此，生物质在无氧和低氧下热解还原制备一氧化锰具有明显的生物质用量少、反应温度低的特点。

3.4.2　还原温度和时间对锰矿还原率的影响

试验条件：颗粒大小0.18～0.25mm的竹粉，生物质/锰矿比值为1∶10，充入纯氮气，快速升温。考察反应温度和时间对还原率的影响，结果如图3-13所示。

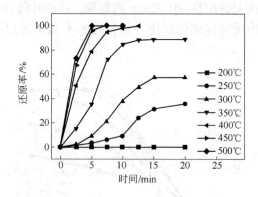

图3-13　还原温度和时间对氧化锰矿还原率的影响

由图3-13可看出：锰矿还原反应发生温度于200℃，当反应温度达到250℃时，反应时间达到10min后还原反应发生较大，还原率从3.24%增大到35.64%，随着反应时间的延长，MnO_2的还原率不再增加。当反应温度增大到300℃时，锰矿还原率变化不大，还原率达到57.24%。当温度达到350～500℃范围时，锰矿中的MnO_2的还原反应发生时间明显缩短，分别在12.5min、10min和5min内，MnO_2被还原成MnO，还原率达到99%以上。原因是当温度为100～150℃时，生物质与矿中的水分蒸发或干燥阶段，竹粉分解速度缓慢，主要是竹粉组织中的吸着水受热蒸发逸散，但竹粉的化学组成没有明显变化；随着加热时间的延长，竹粉中的戊聚糖含量是可能降低，竹粉的物理力学性质有所改变。当温度达到150～270℃时，竹粉受热分解速度加快，其中的化学组成发生明显的分解反应，比较不稳定的组分如半纤维素受热分解生成CO_2、CO、H_2O和少量的乙酸等物质。当温度升高至270～450℃，竹粉热分解反应剧烈，伴随产生大量的热分解产物，生成的气体中，CO_2和CO的量逐渐减少，而碳氢化合物如甲烷、乙烯、烯烃类及各种活性高能的氢自由基和羟基，则逐渐增多；生成的液体主要有乙酸、甲醇、丙酮和木焦油。因此反应速度加快，还原反应温度发生在450℃以下，为了节约能源，400℃与450℃还原反应率几乎一致。

得出最佳反应温度为400℃，生物质/锰矿配比为1：10，反应完成在15min之内。

3.4.3 生物质粒度对锰矿还原率的影响

试验条件：颗粒大小0.18~0.25mm的竹粉，生物质/锰矿比值为1：10，温度为400℃，充入纯氮气，快速升温，反应时间为15min。考察生物质颗粒大小对锰矿还原率的影响，结果如图3-14所示。

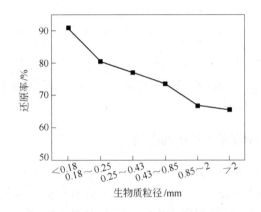

图3-14 生物质粒径对氧化锰矿还原率的影响

由图3-14可看出：生物质粒径是影响锰矿还原率的一个重要因素。粒径越小，其还原率越高，粒径小于0.18mm（＜80目）时，还原率达到了90%以上；随着生物质粒径的增加，还原率明显降低，粒度大于2mm时，还原率为65.43%。因此，在综合考虑生产成本的条件下，应尽量降低生物质颗粒的粒径，生物质颗粒大小适宜范围是0.18~0.25mm之间。原因是生物质颗粒的粒径越小，其反应过程中的比表积越大，有利于吸附更多的矿物在炭表面，炭表面本身在反应过程中表面燃烧，有利于从生物质表面及内部热解出的气体充分与矿物发生反应，从而提高了还原率。

3.4.4 生物质种类对锰矿还原率的影响

试验条件：生物质选择麦秆、稻秆、竹粉、锯末和玉米秆等，颗粒大小为0.18~0.25mm，生物质/锰矿比值为1：10，温度为400℃，充入纯氮气，快速升温，反应时间为15min，考察不同生物质对锰矿还原率的影响，结果如图3-15所示。

由图3-15可看出，当生物质与锰矿的配比达到最佳配比时，生物质的种类

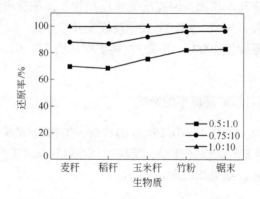

图 3-15 不同的生物质对氧化锰矿还原率的影响

对锰矿还原率的影响不大。在没达到最佳配比时，生物质的还原能力是锯末 > 竹粉 > 玉米秆 > 麦秆 > 稻秆，这与其热解产生的挥发分物质率（79.60%、70.88%、76.79%、71.97%、66.19%）呈正比。

3.4.5 生物质组分对锰矿还原率的影响

试验条件：以颗粒大小为 0.18 ~ 0.25mm 的竹粉纤维素、半纤维素和木质素为还原剂，反应时间为 15min，快速升温，还原剂与锰矿的配比为 0.5：10。考察生物质不同组分对锰矿还原率的影响，结果如图 3-16 所示。

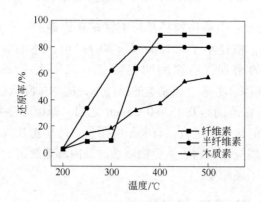

图 3-16 生物质不同组分对氧化锰矿还原率的影响

由图 3-16 可看出，生物质组分是影响锰矿还原率及还原速率的另一重要因素，纤维素、半纤维素和木质素对锰矿的还原率分别为 89.31%、80.23% 和 56.83%，这与其挥发分含量的 73.68%、85.43% 和 55.80% 呈正比，与其热解固态产物含量 19.08%、8.90% 和 34.86% 呈反比，表明生物质和氧化锰矿发生反应的直接物质是生物质热解挥发分产物。纤维素、半纤维素和木质素完全还原锰矿温度分别是 350℃、400℃ 和 500℃，与其热解温度 240～400℃、200～350℃ 和 280～500℃ 相吻合。

3.4.6 锰矿粒径对还原率的影响

试验条件：焙烧时间 15min，焙烧温度 400℃，生物质/锰矿比为 1:10，快速升温，竹粉粒径大小为 0.18～0.25mm。考察锰矿粒径对锰矿还原率的影响，如图 3-17 所示。

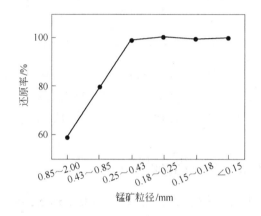

图 3-17 锰矿粒径对氧化锰矿还原率的影响

由图 3-17 可看出：锰矿粒径大小是影响锰矿还原率的另一重要因素。随着锰矿粒径的减小，锰矿的还原率增大，当粒径为 0.85～2.00mm 时，还原率为 58.70%，当粒径为 0.25～0.43mm 时，还原率为 98.96%。

原因有三个方面：（1）锰矿粒径越小，能与生物质热裂解产生的还原性挥发物发生完全反应；（2）粒径越小，其质量越小，易被生物质热解产生的固体碳和焦油吸附于表面，充分接触还原气体，发生还原反应；（3）生物质在炭化过程中，发生放热反应，被吸附于炭表面的锰矿在高温下发生还原反应。鉴于锰矿粒径越小，给工业生产带来一些高技术问题，增加设备投入成本。因此，选择粒径小于 0.43mm 的锰矿用于生物质热解还原氧化锰矿的工业生产。

3.4.7 锰矿种类对锰矿还原率的影响

试验条件：焙烧时间 15min，焙烧温度 400℃，生物质/锰矿比为 1:10，在纯氮气氛中快速升温，竹粉的粒径大小为 0.18～0.25mm，锰矿的粒径大小为 0.07～0.10mm。考察锰矿种类对锰矿还原率的影响，结果如图 3-18 所示。

由图 3-18 可看出：锰矿种类虽不同，但其还原趋势基本一致，还原率同

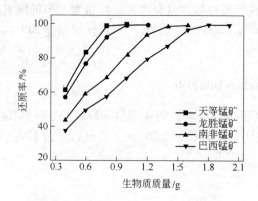

图 3-18　锰矿种类对锰矿还原率的影响

其 MnO_2 含量有关，广西天等（Tiandeng）的锰矿中 MnO_2 含量为 26.9% 、龙胜（Longsheng）的锰矿中 MnO_2 含量为 30.5% 、南非（South Africa）的锰矿中 MnO_2 含量为 37.6% 、巴西（Brazil）的低品位锰矿中 MnO_2 含量为 50.6% 。

3.4.8　低氧气量对锰矿还原率的影响

试验条件：竹粉的粒径大小为 0.18～0.25mm，锰矿的粒径大小为 0.07～0.10mm，生物质/锰矿比分别为 0.5:10 和 1:10，反应前预先通入一定比例的氮气、空气混合气体，总流速为 2L/min，时间为 10min，反应温度为 400℃，反应时间为 15min。考察低氧气量对锰矿还原率的影响，结果如图 3-19 所示。

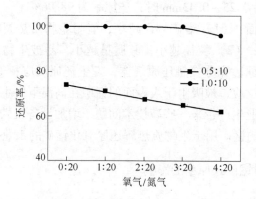

图 3-19　氧气量对锰矿还原率的影响

由图 3-19 可看出，当生物质与锰矿的配比达到最佳比 1.0:10 时，低氧下，氧气量的多少对锰矿的还原率几乎没有影响。

3.4.9　惰性气体流量对锰矿还原率的影响

试验条件：竹粉的粒径大小为 0.18 ~ 0.25mm，锰矿的粒径大小为 0.07 ~ 0.10mm，生物质/锰矿比分别为 0.5∶10 和 1∶10，反应通入一定氮气，时间为 10min，反应温度 400℃，反应时间为 15min。考察氮气流量对锰矿还原率的影响，结果如图 3-20 所示。

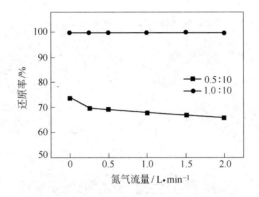

图 3-20　氮气流量对锰矿还原率的影响

由图 3-20 可看出，当生物质与锰矿的配比达到最佳比 1.0∶10 时，惰性气体 N_2 流量对锰矿的还原率几乎没有影响。

3.4.10　空气对还原产物的再氧化影响

生物质热解还原氧化锰工艺包括原料混合、干燥、还原焙烧和产品冷却四个组成部分。在实验过程中发现，生物质热解还原得到的一氧化锰物料在冷却过程中易被空气再氧化，出料温度越高，还原的一氧化锰产品越易被氧化，产物搁置 15min 后，还原率就降低到 70% 以下。

3.4.11　被还原的一氧化锰矿产品防氧化措施

研发一套有效的防氧化系统或寻找一种合适的添加剂防止一氧化锰物料再氧化是生物质还原锰矿工艺中的主要环节，因此须探讨影响一氧化锰被氧化的因素，针对这些因素提出有效的防护措施。

氧化锰矿中 MnO_2 在被生物质热解还原成 MnO 后，在较高的温度（大于 200℃）容易被空气再氧化，必须利用冷却设备尽快在无氧条件下，将生成的一氧化锰物料冷却至 100℃ 以下，才能形成比较稳定的产品。经研究发现，导致冷却后的还原产物氧化的主要原因是物料中存在大量的生物质碳颗粒，燃点较低，通过向被还原的一氧化锰产品中加入锰摩尔比为 8% 的 H_2SO_4，可以将物料空气的氧化率降至 3.43%。

3.4.12　生物质热解还原氧化锰矿产物的物相特征

借用现代技术手段分析还原后的一氧化锰产物，探索氧化锰矿在还原过程中的物质微观结构及物相变化规律。试验条件：竹粉的粒径大小为 0.18～0.25mm，锰矿的粒径大小为 0.07～0.10mm，生物质/锰矿比为 1：10。考察不同还原时间下还原产物的物相特征，结果如图 3-21 和表 3-3 所示。

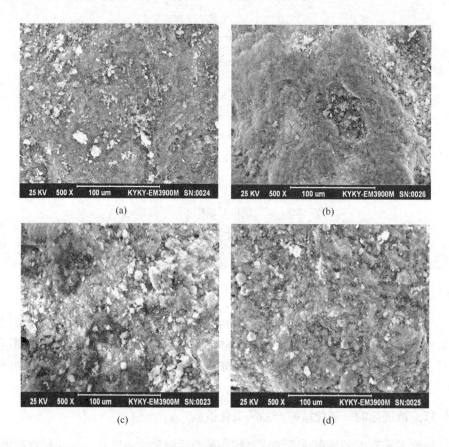

图 3-21　生物质还原锰矿 SEM 图

（a）0min；（b）5min；（c）10min；（d）15min

表 3-3　锰矿颗粒 SEM 所选区域的 EDS 分析　　　　　　（%）

序　号	C	O	Si	Mn	Fe
图 3-21(a)	9.75	35.50	9.47	14.70	14.59
图 3-21(b)	20.01	41.08	7.96	25.76	3.99
图 3-21(c)	16.30	47.06	7.00	22.24	4.76
图 3-21(d)	25.79	30.17	5.72	18.93	17.01

由图 3-21 和表 3-3 可看出：反应时间到 5min 时，MnO 开始生成，12.5min 后，全部生成 MnO。从 5～10min 期间，Mn_3O_4 物质存在，但没发现 Mn_2O_3 物质存在，推测 $Mn_2O_3 \rightarrow Mn_3O_4$ 反应速度过快，Mn_2O_3 物质存在时间极短。

原锰矿与竹粉的混合物电镜图（见图 3-21(a)）呈深灰色且表面粗糙。观察还原反应 5min 的混合物电镜图（见图 3-21(b)），表面呈现光滑状，颜色加深。原因是：（1）混合的生物质发生了热解反应，其粗糙的纤维素等通过热解分解，逐渐碳化；（2）生物质在热解过程中产生一些极性气体和焦油，将微细锰矿吸附于微孔及其表面，使表面表现出光滑态；（3）矿的颜色加深证明黑锰矿 Mn_3O_4 的存在，Mn_3O_4 为黑色或棕黑色，同时生物质碳化也会加深矿样的色度。

观察还原反应 10min 和 15min 的混合物电镜图（见图 3-21(c) 和图 3-21(d)）呈深灰色且表面有棱形现象出现。原因是锰矿经过还原反应大多数生成一氧化锰，一氧化锰呈草绿色立方晶体或有金属光泽的绿色等轴八面体晶体。在图 3-21(c) 中，颜色呈灰黑至钢灰色，猜测因为锰矿含有大量的硅酸盐物质及二氧化硅，在一定的环境下，产生中间物质 $3Mn_2O_3 \cdot MnSiO_3$，这个结论有待进一步探讨。

3.4.13 生物质热解还原氧化锰矿的尾气成分

收集生物质还原锰矿后的尾气并对其进行成分分析，结果如图 3-22 所示。

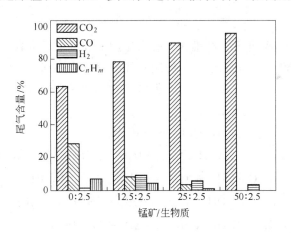

图 3-22 锰矿/生物质的配比对尾气成分的影响

由图 3-22 可看出：生物质热解过程中产生的气体中 CO_2 占了 62%、CO 占了 28%、烃类气体占了 8% 左右、H_2 占了 1%～2%，符合生物质热解发生规律。随着锰矿的加入，CO 量呈明显减少趋势，烃类气体量呈减少趋势，CO_2 量增大，充分证明了烃类气体与锰矿发生还原反应，还原出过多的 O_2 与 CO 发生反应生成 CO_2。H_2 的量呈波动态且变化不大，可能是热解过程中链烷烃的裂解反应所产生。

3.5   生物质还原氧化锰矿机理分析

生物质热解过程是一个极其复杂的物理化学过程，可以分为以下步骤：首先生物质加热到一定温度后，经初级热解反应产生初级挥发分和初级焦，再进一步裂解产生固态、液态和气态产物[7]。

生物质是由半纤维素、纤维素和木质素三大组分以及其他一些可溶于极性或非极性溶剂的提取物组成[8,9]。生物质的整个热解过程可以看作是由纤维素、半纤维素、木质素的热解过程的线性叠加[10,11]。生物质中的这三种主要组成物在不同温度范围内以不同的速度热分解，半纤维素热解温度范围为225~350℃、纤维素为325~375℃、木质素为250~500℃。纤维素和半纤维素的热解产物主要为挥发性物质，而木质素则主要分解成碳。生物质的热解机理如下：

（1）纤维素的热解机理。纤维素是由 D-吡喃型葡萄糖通过 β-(1,4)-糖苷键相连形成的线性高分子化合物，Kilzer 和 Brodio 研究纤维素分解过程，发现纤维素在低温和高温下是通过不同的机理发生热解，提出了以下纤维素热解模型[12]：

$$
\text{纤维素}
\begin{cases}
\xrightarrow{200~280℃} \text{左旋葡萄糖} \longrightarrow \text{焦油 + 气体} \\
\xrightarrow{280~340℃} \text{脱水纤维素} \longrightarrow \text{焦炭 + 气体}
\end{cases}
$$

在200~280℃温度下，纤维素经脱水作用生成脱水纤维素，进一步裂解为焦油和气体；在280~340℃温度下，纤维素经解聚反应得到左旋葡萄糖，之后又经一系列降解反应（包括解聚、氧化、脱水、脱羧和脱羰反应）得到焦炭、焦油和气体[13,14]，反应方程式如下：

$$(C_6H_{10}O_5)_n \longrightarrow nC_6H_{10}O_5 \tag{3-6}$$

$$C_6H_{10}O_5 \longrightarrow H_2O + 2CH_3\text{—}CO\text{—}CHO \tag{3-7}$$

$$CH_3\text{—}CO\text{—}CHO + H_2 \longrightarrow CH_3\text{—}CO\text{—}CH_2OH + H_2O + CO_2 \tag{3-8}$$

$$CH_3\text{—}CO\text{—}CH_2OH + H_2 \longrightarrow CH_3\text{—}CHOH\text{—}CH_2OH \tag{3-9}$$

$$CH_3\text{—}CHOH\text{—}CH_2OH + H_2 \longrightarrow CH_3\text{—}CHOH\text{—}CH_3 \tag{3-10}$$

（2）半纤维素的热解机理。半纤维素是由木糖、甘露糖和葡萄糖等多种单糖构成的一类多聚糖，其聚合度小于纤维素，分子链短且带支链。在高温下，半纤维素比纤维素更易热解，其热解机理与纤维素相似。此外，半纤维素支链的乙酰基在热解过程中断裂可生成乙酸，反应式大致如下[15]：

$$\text{半纤维素} \longrightarrow \text{单糖基 + 糖醛酸 + 乙酸 + 气体产物 + 焦炭} \tag{3-11}$$

（3）木质素的热解机理。木质素是由紫丁香酚基型、愈创木酚基型和对丙酚基型结构单体通过醚键或碳—碳键的交错连接形成的复杂芳香性聚合物，广泛存在于植物细胞壁中。木质素的结构比纤维素、半纤维素复杂，热解温度范围也较大。在高温下，木质素经自由基反应分解成低分子碎片，进一步通过侧链 C—O 键、C—C 键及芳环 C—O 键断裂形成焦炭、焦油、木醋酸和气体产物[16]。

在较低温度下，生物质热解可产生具有还原性的固态、液态和气态产物，该性质可用于金属和非金属氧化物的还原反应，特别是在氧化铁矿和氧化锰矿的还原方面具有广泛的应用。Wu[17]、徐頔[18]和汪永斌[19]利用生物质热解产生的 H_2 和 CO 分别磁化针铁矿、高磷赤铁矿和褐铁矿，当生物质用量为铁矿的 15% ~ 20%、焙烧温度为 550 ~ 650℃、焙烧时间为 30 ~ 40min 时，铁矿的磁化率超过 96%；Luo[20]、Fu[21]和 Gan[22]利用生物质作为还原剂，成功将铁矿还原为生铁（Fe），铁含量最高可达 94.7%，并且有效地降低了酸性气体（NO_x 和 SO_x）和温室气体（CO_x）的排放；Strezov[23]研究了生物质还原铁矿的机理，认为铁矿的还原过程经历 Fe_3O_4 和 FeO 两个中间产物。宋静静[24]、程卓[25]、赵玉娜[26]和邓益强[27]以锯末、玉米秆、稻秆和植物粉为还原剂，在反应温度为 500 ~ 600℃下，高效地将低品位氧化锰矿中二氧化锰还原成了一氧化锰，且发现生物质不完全燃烧释放出的还原性气体（H_2、CO）和残留的固定碳是还原氧化锰矿的直接还原剂；赵玉娜通过生物质热解反应的热力学和动力学的研究，发现还原反应开始温度为 300℃左右、结束温度为 640℃，还原过程按还原温度可分为 300 ~ 390℃、400 ~ 480℃和 490 ~ 640℃三个区域，分别对应 $MnO_2 \rightarrow Mn_2O_3$、$Mn_2O_3 \rightarrow Mn_3O_4$、$Mn_3O_4 \rightarrow MnO$ 的反应过程，这三步反应都符合一级动力学模型；宁平[28]等利用生物质热解气中的 H_2、CO 和气态烷烃，经催化还原将二氧化硫转化为单质硫；Pisa[29]、段佳[30]和徐莹[31]等利用生物质热解气进行了还原 NO_x 的研究，从而实现降低 NO_x 排放；于海洋等[32]对生物质气还原 NO_x 的化学机理进行了研究，发现生物质气还原 NO_x 的主要还原物质是生物质气的碳氢化合物以及含氮物质。

生物质还原氧化锰冶金过程是复杂的多相反应，含有气态、液态、固态三态的多种物质相互作用，其中既有物理过程（如蒸发、传热、传质、流体流动等），又有化学过程（如焙烧、烧结、还原、氧化等）。这些多相反应过程相互结合，形成了错综复杂的冶金过程。根据冶金过程中反应物和产物的状态，可以把生物质还原氧化锰的冶金过程分为气-固、液-固、固-固、气-液和液-液反应几种类型，见表 3-4。

表 3-4 生物质还原氧化锰发生的几种反应类型

界面类型	反应类型	实　例
气-固	S1 + G = S2	金属氧化
	S1 + G1 = S2 + G2	氧化物气体还原
	S1 = S2 + G	矿石分解、生物质分解
	S1 + G1 = G2	生物质热裂解反应

界面类型	反应类型	实 例
气-液	L1 + G = L2	生物质产生的气体与液体反应
	L1 + G1 = L2 + G2	生物质分解反应
液-固	L1 + S = L2	生物质油还原锰矿
	L1 + S1 = L2 + S2	生物质油还原锰矿
固-固	S1 + S2 = S3 + G	氧化物碳还原
	S1 + S2 = S3 + S4	氧化物或卤化物金属还原

注: G代表气体; S代表固体; L代表液体。

3.6 生物质热解还原氧化锰矿动力学研究

3.6.1 生物质热解还原氧化锰矿的等温动力学分析

生物质热解还原氧化锰矿的过程可以分为以下两个步骤: (1) 生物质热解释放出还原性挥发分, 以气态的形式被锰矿颗粒吸附到其表面; (2) 生物质挥发分在还原温度下将氧化锰矿还原为一氧化锰。

利用气固反应动力学模型[33,34] (包括几何模型、扩散模型和反应级数模型, 见表3-5), 在温度为 250~500℃ 内, 拟合生物质热解还原制备一氧化锰的还原温度和时间与还原率的实验数据, 发现一级动力学模型对实验数据的拟合效果最好, 不同温度的相关系数均大于 0.90, 如图3-23所示。这表明生物质还原锰矿的反应速度由生物质挥发分和锰矿颗粒之间的气固反应速度决定, 即:

$$- \ln(1 - \alpha) = kt \tag{3-12}$$

式中, α 为 Mn 的还原率; k 为反应速度常数, mol/min; t 为反应时间, min。

表3-5 气固反应动力学模型

模 型	$g(\alpha) = \rho t$
1. Sigmoid α-time curvess	
A2 Avrami-Erofeev	$[- \ln(1 - \alpha)]^{1/2}$
A3 Avrami-Erofeev	$[- \ln(1 - \alpha)]^{1/3}$
A4 Avrami-Erofeev	$[- \ln(1 - \alpha)]^{1/4}$
2. Deceleratory a-time curvess	
2.1 Diffusion models	
D1 One-dimensional	α^2
D2 Two-dimensional	$(1 - \alpha)\ln(1 - \alpha) + \alpha$
D3 Three-dimensional	$[1 - (1 - \alpha)^{1/3}]^2$
D4 Ginstling-Brounshtein	$1 - (2\alpha/3) - (1 - \alpha)^{2/3}$

模 型	$g(\alpha) = \rho t$
2.2 Order of reaction models	
F1 first order	$-\ln(1-\alpha)$
F2 second order	$[1/(1-\alpha)] - 1$
F3 third order	$[1/(1-\alpha)^2] - 1$
2.3 Geometrical Models	
R2 Contracting Area	$1 - (1-\alpha)^{1/2}$
R3 Contracting volume	$1 - (1-\alpha)^{1/3}$

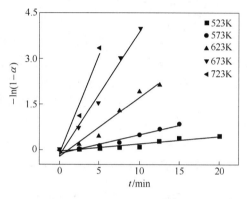

图 3-23　$-\ln(1-\alpha)$ 对 t 作图

从图 3-23 直线的斜率可以得到反应速度常数 k，它和反应温度的关系也可以用 Arrhenius 方程表达：

$$\ln k = \ln A - E/RT \tag{3-13}$$

式中，T 为反应温度，K；E 为表观活化能，J/mol；R 为气体常数，8.314J/(mol·K)；A 为指前因子或频率常数，min^{-1}。

根据式（3-13），将不同温度下的 $\ln k$ 对 $T/1000$ 作图可以得到生物质热解还原锰矿的 Arrhenius 线性图，如图 3-24 所示。根据斜率和截距，可计算出表观活化能 $E = 53.64$kJ/mol 和频率常数 $\ln A = 8.60$min^{-1}。

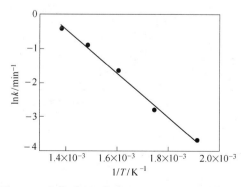

图 3-24　生物质还原氧化锰矿的 Arrhenius 线性图

3.6.2 生物质热解还原氧化锰矿不等温动力学分析

由于生物质的三大组分纤维素、半纤维素和木质素热解产生还原性有机挥发分的温度范围不同，因此可以将生物质热解还原锰矿的反应看作纤维素、半纤维素和木质素分别通过热解还原锰矿反应的线性加合。因此，采用 Coats 和 Redfern 推导的简化的一级动力学方程在不同温度范围对生物质热解还原氧化锰矿不等温动力学进行研究。

$$\ln\left[\frac{-\ln(1-\alpha)}{T^2}\right] = \ln\frac{AR}{\beta E} - \frac{E}{RT} \tag{3-14}$$

式中，α 为还原反应的转化率；E 为表观活化能，J/mol；R 为气体常数，8.314J/(mol·K)；A 为指前因子或频率常数，min^{-1}；β 为升温速度，K/min。

将 200~450℃ 温度范围内的热重数据计算得到的 α 代入式 (3-14)，并在不同温度段对 $1/T$ 作图，发现生物质热解还原氧化锰矿的热重数据与 Coats 和 Redfern 推导的一级动力学方程具有较好的拟合效果，在不同温度段的相关系数 R^2 均大于 0.94，如图 3-25~图 3-31 所示。根据直线斜率 $-E/1000R$ 和截距 $\ln(AR/\beta E)$，可分别计算出生物质还原锰矿的活化能 E 和指前因子 A。

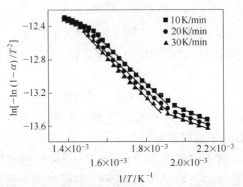

图 3-25 稻秆还原氧化锰矿的一级动力学拟合曲线

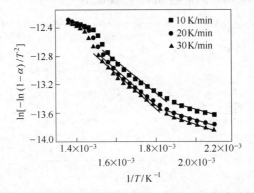

图 3-26 锯末还原氧化锰矿的一级动力学拟合曲线

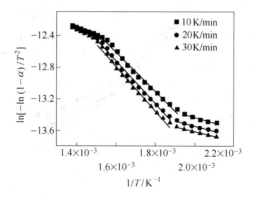

图 3-27 麦秆还原氧化锰矿的一级动力学拟合曲线

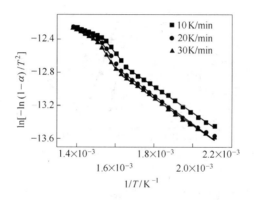

图 3-28 玉米秆还原氧化锰矿的一级动力学拟合曲线

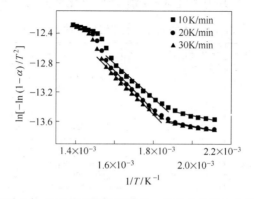

图 3-29 竹粉还原氧化锰矿的一级动力学拟合曲线

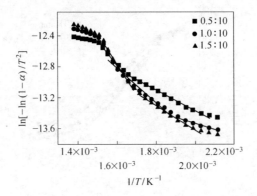

图 3-30 锯末以不同生物质/锰矿比还原锰矿的一级动力学拟合曲线

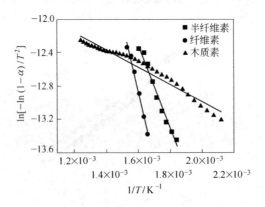

图 3-31 生物质不同组分还原锰矿的一级动力学拟合曲线

表 3-6 是不同生物质热解还原氧化锰矿 E 和 A 数据。从表 3-6 中可以看出：随着升温速度的增加，E 和 A 都有增加的趋势，并且随着生物质/锰矿配比的增大，E 和 A 也会增大，其中半纤维素热解还原氧化锰矿的 E 和 A 值最高。

表 3-6 生物质还原氧化锰矿的动力学数据

生物质	生物质/氧化锰矿	加热速度/$K \cdot min^{-1}$	温度/℃	E/kJ·mol^{-1}	ln$A$/min^{-1}	R
稻秆	1.0：10	10	200~240	8.40	4.72	0.98
			250~380	18.96	7.96	0.99
			390~450	7.65	5.01	1.00
		20	200~240	7.23	4.23	0.98
			250~390	19.04	7.89	0.99
			400~450	9.73	5.59	0.99

生物质	生物质/氧化锰矿	加热速度/K·min^{-1}	温度/℃	E/kJ·mol^{-1}	ln$A$/min^{-1}	R
稻秆	1.0:10	30	200~240	7.40	4.24	0.98
			250~390	20.54	8.21	0.99
			400~450	10.31	5.74	1.00
锯末	0.5:10	10	210~340	11.08	5.70	1.00
			350~390	26.88	9.68	1.00
			400~450	4.27	3.74	1.00
	1.5:10		220~310	13.19	6.13	0.99
			320~380	32.88	11.05	0.99
			390~450	9.06	5.45	1.00
	1.0:10	10	200~250	6.68	3.97	0.98
			260~370	18.77	7.73	0.98
			390~450	7.58	4.98	0.99
		20	200~260	7.05	3.97	0.98
			270~380	21.03	8.16	0.99
			400~450	10.97	5.93	0.99
		30	200~260	7.77	4.18	0.99
			270~390	20.68	8.02	0.99
			410~450	12.51	6.28	0.99
小麦秆	1.0:10	10	200~240	5.74	3.69	0.95
			250~380	20.62	8.38	0.99
			390~450	7.40	4.95	1.00
		20	200~250	5.24	3.39	0.95
			260~390	22.53	8.75	0.99
			400~450	8.98	5.40	1.00
		30	200~250	4.99	3.20	0.97
			260~390	23.45	8.89	0.99
			400~450	10.39	5.77	1.00

生物质	生物质/氧化锰矿	加热速度/K·min^{-1}	温度/℃	E/kJ·mol^{-1}	ln$A$/min^{-1}	R
玉米秆	1.0∶10	10	200～330	13.05	6.43	1.00
			340～380	23.86	9.21	0.98
			390～450	6.98	4.86	1.00
		20	200～350	14.30	6.67	0.99
			360～390	24.44	9.25	0.98
			400～450	9.31	5.53	1.00
		30	200～350	13.55	6.43	1.00
			360～390	29.27	10.26	1.00
			400～450	11.39	6.07	0.99
竹粉	1.0∶10	10	200～250	3.49	2.57	0.95
			230～380	18.69	7.71	0.98
			400～450	7.38	4.94	1.00
		20	200～260	4.49	2.93	0.96
			270～380	22.39	8.51	0.99
			400～450	9.87	5.65	0.99
		30	200～260	10.99	5.93	0.99
			270～390	22.07	8.38	0.99
			410～450	10.99	5.93	0.99
半纤维素	1.0∶10	10	260～340	41.90	16.86	0.98
纤维素			330～380	7.15	13.50	0.98
木质素			200～530	8.67	5.26	0.97

　　由于生物质热解还原氧化锰矿过程可以简单地看做生物质热解生成还原性挥发分和气态挥发分还原锰矿两个步骤，对比生物质热解的热重实验数据和生物质热解还原锰矿实验数据，可发现生物质热解还原锰矿的 TG 和 DTG 曲线和单独的生物质热解过程除温度有偏移外几乎相同。通过简单的数据处理，可得到氧化锰矿在还原过程的失重量，即将第二章得到生物质热解的热重曲线向高温区移动（稻秆、锯末、小麦秆、玉米秆和竹粉分别为 10℃、7℃、35℃、42℃和12℃），将生物质热解还原制备一氧化锰的热重数据按初始生物质加入的比例减去上述生物质热解的数据。由于生物质热解还原制备一氧化锰的还原温度范围为 250～

450℃，可以假设250℃和450℃是生物质热解还原锰矿反应的初始和最终温度，转化率分别为0%和100%。利用 Coats 和 Redfern 推导的一级动力学方程（见式(3-14)），将得到的数据进行动力学分析，发现具有非常好的拟合效果，相关系数 R^2 均达到0.99，如图3-32所示。表3-7是根据斜率和截距计算得到的氧化锰矿在还原过程中活化能和指前因子。

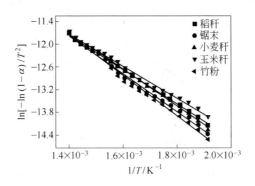

图 3-32　还原反应中氧化锰矿的一级动力学拟合曲线

表 3-7　还原反应中氧化锰矿的动力学数据

生物质	温度/℃	$E/kJ \cdot mol^{-1}$	lnA/min^{-1}	R
稻　秆	230~450	40.49	12.78	1.00
锯　末	230~450	43.77	13.36	0.99
小麦秆	230~450	49.82	14.68	0.99
玉米秆	230~450	38.96	12.49	0.99
竹　粉	230~450	46.69	13.96	0.99

从表3-7中可以看出：在250~450℃，锰矿和还原性挥发分反应的活化能在40~50kJ/mol以内，远低于CO还原氧化锰矿的活化能（200kJ/mol）。同时，还可以发现氧化锰矿和五种不同生物质挥发分反应的动力学参数也非常接近，进一步说明生物质热解还原制备一氧化锰的过程是由生物质热解产生还原性挥发分和还原性挥发分还原氧化锰矿两个相对独立的步骤组成。

锰矿和还原性挥发分反应的活化能和指前因子的关系可以用 Arrhenius 方程表达（见式(3-15)），将不同生物质与锰矿反应的 lnA 值对 E 作图，根据斜率和截距可以算出反应温度和速度常数，分别为330℃和108.99min⁻¹，如图3-33所示。锰矿和生物质热解挥发分反应的反应温度以及速度常数和生物质种类无关，为330℃和108.99min⁻¹，此反应温度也比CO还原氧化锰矿的反应温度（700~800℃）低得多。

$$\ln A = \frac{E}{RT_i} + \ln(k_0) \qquad (3\text{-}15)$$

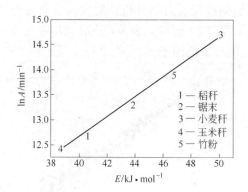

图 3-33   生物质还原氧化锰矿的 $\ln A$ 对 E 作图

综上所述，生物质热解还原制备一氧化锰过程可以分为两个步骤：第一步是生物质通过热解释放挥发分过程，此过程反应温度为 200~380℃，活化能小于 100kJ/mol；第二步是生成的挥发分和氧化锰矿反应将矿中的二氧化锰还原为一氧化锰的过程，此过程反应温度为 330℃，活化能为 40~50kJ/mol。将这些数据和传统煤焙烧制备一氧化锰的过程进行对比（见表 3-8），可以解释生物质热解还原制备一氧化锰方法还原温度低、反应速度快的原因。

表 3-8   生物质热解还原制备方法和传统制备方法的对比

制备方法	还原物质	还原物质的释放		还原反应的发生	
		$T/℃$	$E/kJ \cdot mol^{-1}$	$T/℃$	$E/kJ \cdot mol^{-1}$
生物质热解	有机挥发分	200~400	<100	330	40~50
煤炭焙烧	CO	>700	162	800	200

3.7   本章小结

本章通过生物质热解还原制备一氧化锰的模拟研究，确定生物质还原低品味氧化锰矿的直接还原物质和还原历程以及锰矿组分对还原过程的影响，结果表明生物质热解还原制备一氧化锰的直接还原物质主要为生物质热解产生的有机挥发分，还原过程可分为生物质通过热解产生有机挥发分和挥发分分阶段逐步还原锰矿两个过程。在还原过程中 Fe_2O_3 和 SiO_2 具有增强 MnO_2 还原效果的作用。

通过对生物质热解还原制备一氧化锰影响因素的研究，表明生物质与锰矿的配比、还原温度、还原时间、生物质种类、生物质粒度、锰矿粒度、氮气流量以及氧气量是影响生物质热解还原锰矿过程的关键因素，还原率随焙烧温度、焙烧时间、生物质与锰矿的配比的增加，生物质颗粒、锰矿粒度、氮气流量、氧气量的减小而增加。在最佳制备条件生物质/锰矿配比为 1∶10、还原温度为 400℃、还原时间为 12.5min、生物质粒度为 0.18~0.25mm、锰矿粒度小于 0.43mm、氮气流量小于 2L/min 下得到的锰矿还原率约 100%。

通过对生物质热解还原制备一氧化锰还原产物的 SEM 和 EDS 分析，表明氧化锰矿中 MnO_2 在生物质还原过程中经历中间产物为 Mn_3O_4，生物质热解还原制备一氧化锰过程可分为生物质热解出还原性挥发分至锰矿颗粒表面和锰矿被挥发分还原两个步骤。尾气成分分析表明生物质/锰矿配比对还原过程有很大的影响，当生物质加入量较少时，有机挥发分还原锰矿产生的还原性气体也参与锰矿的还原反应。

通过对生物质热解还原制备一氧化锰的等温动力学研究，表明生物质热解释放的有机挥发分和氧化锰矿还原反应是还原反应的限速步骤，并符合一级动力学反应模型，活化能和指前因子分别是 53.64kJ/mol 和 $5.45 \times 10^3 min^{-1}$；不等温动力学研究表明生物质热解还原锰矿反应符合 Coats 和 Redfern 推导的简化的一级动力学模型，通过 Arrhenius 方程计算出挥发分还原锰矿的反应温度和速度常数，分别为 330℃ 和 108.99min^{-1}。

* *

参 考 文 献

[1] 武芳芳，钟宏，王帅. 氧化锰矿还原工艺技术研究进展[J]. 应用化工，2012，41（8）：1445.

[2] 贺婧，颜丽，杨凯，等. 不同来源腐殖酸的组成和性质的研究[J]. 土壤通报，2003，34（4）：343.

[3] 孟庆函，李善祥，李保庆. 低阶煤两段化学降解产物的组成性质[J]. 燃料化学学报，2000，28（4）：306.

[4] 迟姚玲，李术元，岳长涛，等. 昭通褐煤及其低温热解物的性质研究[J]. 石油大学学报（自然科学版），2005，29（2）：101~103.

[5] 石文秀，张玉财，金管会. 浅谈褐煤研究的必要性及褐煤的性质[J]. 化工进展，2012，31（增刊）：203.

[6] 周玉琴，张振桴，李国民，等. 广西百色褐煤镜煤质的研究 I. 褐煤镜煤质的显微结构和化学性质[J]. 燃料化学学报. 1965，6（2）：133.

[7] 董治国，王述祥. 生物质快速裂解液化技术的研究[J]. 林业劳动安全，2004，17（1）：12~14.

[8] Skreiberg A, Skreiberg O, Sandquist J, Sorum L. TGA and macro-TGA characterisation of biomass fuels and fuel mixtures[J]. Fuel, 2011, 90(6): 2182~2197.

[9] Skodras G, Grammelis P, Basinas P, Kakaras E, Sakellaropoulos G. Pyrolysis and combustion characteristics of biomass and waste-derived feedstock [J]. Ind. Eng. Chem. Res., 2006, 45(11): 3791~3799.

[10] Darvell L I, Jones J M, Gudka B, Baxter X C, et al. Combustion properties of some power station biomass fuels[J]. Fuel, 2010, 89 (10): 2881~2890.

[11] Muller-hagedorn M, Bockhorn H, Krebs L, Muller U. A comparative kinetic study on the pyrolysis of three different wood species[J]. J. Anal. Appl. Pyrolysis, 2003, 68~69: 231~249.

[12] Vamvuka D, Kakaras E, Kastanaki E, Grammelis P. Pyrolysis characteristics and kinetics of biomass residuals mixtures with lignite[J]. Fuel, 2003, 82(15~17): 1949~1960.

[13] Demirbas A. Mechanisms of liquefaction and pyrolysis reactions of biomass[J]. Energy Conversion and Management, 2000, 41(6): 633~646.

[14] 余春江, 张文楠, 骆仲泱, 等. 流化床中单颗粒纤维素热解模型研究[J]. 太阳能学报, 2002, 23(1): 87~95.

[15] 陈拂, 罗永浩, 陆方, 等. 生物质热解机理研究进展[J]. 工业加热, 2006, 35(5): 4~8.

[16] 杜瑛, 齐卫艳, 苗霞, 等. 毛竹的主要化学成分分析及热解[J]. 化工学报, 2004, 55 (12): 2099~2102.

[17] Wu Y, Fang M, Lan L D, et al. Rapid and direct magnetization of goethite ore roasted by biomass fuel[J]. Separation and Purification Technology, 2012, 94: 34~38.

[18] 徐頔, 朱国才, 池汝安, 等. 高磷赤铁矿生物质磁化脱磷焙烧—磁选试验研究[J]. 金属矿山, 2010, (5): 68~76.

[19] 汪永斌, 朱国才, 池汝安, 等. 生物质还原磁化褐铁矿的实验研究[J]. 过程工程学报, 2009, 9 (3): 508~513.

[20] Luo S Y, Yi C J, Zhou Y M. Direct reduction of mixed biomass-Fe_2O_3 briquettes using biomass-generated syngas[J]. Renewable Energy, 2011, 36: 3332~3336.

[21] Fu J X, Zhang C, Hwang W S, Lian Y T, Lin Y T. Exploration of biomass char for CO_2 reduction in RHF process for steel production[J]. International Journal of Greenhouse Gas Control, 2012, 8: 143~149.

[22] Gan M, Fan X H, Chen X L, Ji Z Y, et al. Reduction of pollutant emission in iron ore sintering process by applying biomass fuels[J]. ISIJ International, 2012, 52(9): 1574~1578.

[23] Strezov V. Iron ore reduction using sawdust: Experimental analysis and kinetic modeling[J]. Renewable Energy, 2006, 31: 1892~1905.

[24] Song J J, Zhu G C, Zhang P, Zhao Y N. Reduction of low-grade manganese oxide ore by biomass roasting[J]. Acta. Metall. Sin. (Engl. Lett.), 2010, 23(3): 223~229.

[25] Cheng Z, Zhu G C, Zhao Y N. Study in reduction-roast leaching manganese from low-grade manganese dioxide ores using cornstalk as reductant[J]. Hydrometallurgy, 2009, 96(1~2): 176~179.

[26] Zhao Y N, Zhu G C, Cheng Z. Thermal analysis and kinetic modeling of manganese oxide ore reduction using biomass straw as reductant [J]. Hydrometallurgy, 2010, 105 (1~2): 96~102.

[27] 邓益强, 乐志文. 软锰矿无煤还原制备硫酸锰新工艺研究[J]. 化工与材料, 2007(10): 38~39.

[28] 宁平，寸文娟，马林转，等．一种用生物质热解气还原低浓度二氧化硫的方法．申请号：200710065637.6.

[29] Pisa I. Combined primary methods for NO_x reduction to the pulverized coal-sawdust Co-combustion[J]. Fuel Processing Technology, 2013, 106: 429~438.

[30] Duan J, Luo Y H, Yan N Q. Effect of Biomass Gasification Tar on NO Reduction by Biogas Reburning[J]. Energy & Fuels, 2007, 21: 1511~1516.

[31] 徐莹，孙锐，栾积毅，等．生物质热解气及其成分气再燃还原 NO 的数值模拟与机制分析[J].中国电机工程学报，2009, 29(35): 7~14.

[32] 于海洋，杨石，张海，等．生物质再燃还原 NO_x 的机理分析[J].电站系统工程，2008, 24(1): 1~4.

[33] Alenazey F, Cooper C G, Dave C B, et al. Coke removal from deactivated Co-Ni steam reforming catalyst using different gasifying agents: An analysis of the gas-solid reaction kinetics[J]. Catal. Commun. 2009, 10(4): 406~411.

[34] Khedr M H. Isothermal reduction kinetics at 900~1100℃ of $NiFe_2O_4$ sintered at 1000~1200℃[J]. J. Anal. Appl. Pyrolysis, 2005, 73: 123~129.

4 生物质还原氧化锰矿设备及技术

4.1 氧化锰还原设备及技术现状

氧化锰矿在电解锰及锰盐行业利用的技术关键是将矿物中二氧化锰还原成一氧化锰。煤还原被公认为可以工业实现氧化锰的还原工艺,国内外进行了不同炉型的半工业及工业实践[1]。广西八一锰矿曾于20世纪70年代实验日处理100t氧化锰矿的单层沸腾炉,使用煤气发生炉或煤粉作为还原剂和燃料,由于加热和还原矿石在同一炉膛内完成,使炉内气氛难以合理控制,致使热耗高、热效率低、烟尘率大、残碳高,因而生产成本也高。巴西ICOMI矿业公司的圣塔纳厂采用了道尔-奥立佛公司的双格式流态层大型还原焙烧炉,日处理1000t精矿粉。2003年天等凯丰锰业公司、中信大锰集团采用反射炉进行还原,由于成本高及污染大被淘汰;广西桂平的天鸿鑫锰业公司及中信大锰曾采用电加热回转窑碳还原氧化锰的工业实践,由于电耗大、还原率较低、成本高而停止运行。2007年广西大新县新振锰品公司正在与武汉理工大学合作开展"软锰矿流态化快速还原焙烧技术研究"项目,并列入广西科学研究与技术开发计划。总的来讲,沸腾炉和流态化炉还原焙烧目前在我国尚处在探索和研制阶段,工艺还未成熟,同时存在着系统能耗大、热量不能回收、配套设备较复杂等缺点。中信大锰矿业有限责任公司提出了将微波焙烧技术与热管技术有机地结合起来,应用于低品位软锰矿的"热能回收型软锰矿还原焙烧"新工艺和新设备[2,3],并即将进入工业化装置试验阶段,但由于投资成本及运行成本高而未工业利用。湖南湘西自治州德邦化工有限公司开展了以半水煤气为热源,使用多膛式回转窑焙烧还原氧化锰矿的工业实践。近年来,着力发展的立窑还原系统在多家企业有了工业实践。总之,我国各电解锰企业受资源的制约,近年来正在加速氧化锰矿还原技术的开发,有些企业已开始采用该工艺进行生产。主要问题是还原温度高、能耗大、生产成本高,煤还原氧化锰一般在850℃以上进行,矿物中的石英成分在高于600℃容易软化及烧结,使连续生产受到影响。

另一方面,氧化锰矿的湿法还原成为国内外研究的热点,从20世纪开始研究两矿一步法[4,5],湿法还原氧化锰成为研究重点,即将氧化锰矿、黄铁矿、硫酸按一定配比混合,在一定温度下反应生成硫酸锰[6,7],该法反应温度需要控制在95℃以上，且除杂过程消耗试剂大、锰回收率低，同时难以生产高纯度（大于99.8%）电解锰产品，尚未在电解锰工业上得到应用；国内外对使用软锰矿浆脱除烟气中的SO_2工艺曾经进行了广泛深入的研究，SO_2还原浸取氧化锰矿的反应不但速率很快，而且对矿物中的成分有选择性反应，可减少杂质进入浸出液。研究表明[8,9]，在SO_2直接浸取二氧锰矿过程中，连二硫酸锰的生成与所使用的浸取反应条件有很密切的关系，在室温下反应所得浸出产物中有1/3是连二硫酸锰，而若在10℃以下生成物则全部是连二硫酸锰。SO_2还原氧化锰矿的过程，也同时是还原产物的硫酸化过程。而在电解金属锰的过程中产生硫酸，这一部分酸必须从系统中排去才能保持酸平衡，因此该工艺无法在电解锰上使用。在此基础上发明了连二硫酸钙法，但需要采用钙（石灰）中和体系的酸，既增高成本又浪费资源。开路电解法则增加了流程和设备投资以及副产品（硫酸铵和碳酸锰）的市场风险。硫酸亚铁还原浸出法[10,11]及金属铁还原法[12]是利用钛白粉厂生产的副产绿矾（$FeSO_4 \cdot 7H_2O$）或废铁屑在酸性溶液中还原浸出氧化锰，该法同样存在酸平衡的问题，同时加入了大量的铁，增加后续净化工序的难度，因此无法在电解锰工业上使用。近年国内也发明了一些其他新的方法，如田学达等[13]采用沼气中的甲烷作为还原剂，在常温下点燃沼气，将软锰矿烧至红热状态将其还原成一氧化锰，再用硫酸溶解制备硫酸锰溶液；栗海锋等[14]将锰矿粉矿浆加入糖蜜与硫酸，并加热到40～100℃搅拌，将锰还原得到硫酸锰溶液，再经除杂并蒸发结晶得到硫酸锰产品；同时还有甲醇直接浸出法[15]、电解还原法及微生物浸出法等[16]。但这些工艺方法均未在电解锰生产上得到应用。比较火法及湿法还原氧化锰矿的技术成果，火法工艺是最有可能工业化利用的工艺，其中煤还原是工业上可以利用的技术。但煤是不可再生能源，煤还原氧化锰温度高造成能耗高，从而致使生产成本高，因此在国内也没有得到大规模推广。

目前在生物质还原氧化锰[17,18]技术上取得了突破，利用农业秸秆或制糖渣生物质燃料再添加少量添加剂，并在锰矿/生物质质量比为5:1的条件下实现了低品位氧化锰矿的自热还原，可将还原温度控制在500℃以下，锰还原率达到95%以上，但要在工业上实现批量生产，必须利用新的设备相配套。

4.2 各种氧化锰矿还原设备比较

目前火法还原是氧化锰矿工业利用的主要途径，但还没有成熟地用于氧化锰矿还原工业设备。本节将几种可用于工业生产的设备进行比较，包括还原堆、还原反射炉、还原回转窑、沸腾还原炉、微波还原炉及立式还原炉，通过其优劣期望能为生物质还原设备开发提供参考。

4.2.1 还原堆

还原堆法（堆式焙烧法）是最简单的还原方法，不需要太多的设备安装，只有燃气管道系统。这种方法 2001 年之前在美国的 Kerr-McGee 电解金属锰厂使用。堆式焙烧法以天然气为热源和还原剂，借助天然气的不完全燃烧提供热量，并利用碳氢化合物作还原剂，矿石堆内的温度维持在 700 ~ 900℃ 之间，适合处理高品位锰矿，如图 4-1 所示。

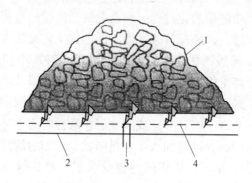

图 4-1　堆式焙烧法

1—矿堆；2—地面；3—供气；4—带管路的沟道，等距分布烧嘴

堆式焙烧法主要缺点：很难达到控制污染的目的，同时受天气的影响较大，焙烧后需要存放 1 ~ 2 天才能将物料冷却，不能用于粉矿还原，堆内较热部位易形成熔块等。

4.2.2 还原反射炉

还原反射炉一般用耐火砖砌筑成炉膛，炉头设有燃烧室，燃烧原煤，持续不断地向炉内供热，由燃烧室来的高温烟气先经反射炉炉底板下的几条巷道流至反射炉的另一端汇合上升，返回至炉膛上部空间，炉气从静止的物料层上部掠过后，从排烟口经烟囱排向大气。整个还原过程为间歇式操作，将锰矿粉与作为还原剂的无烟煤粉混合均匀后进入炉膛内，炉内物料的拌匀和焙烧后的出料均采用人工操作。2005 年之前中国一些电解金属锰厂如中信大锰及凯丰锰业等企业使用过反射炉还原氧化锰矿石技术。还原反射炉结构如图 4-2 所示。

还原反射炉虽然结构简单、投资少、生产成本较低，但是由于燃料和矿石分离，难以最大限度地传热；废气排放难以保证炉内的还原气氛；矿石处于静止状态，矿石和还原剂接触不良造成能耗高、单位面积产量小、劳动强度大、密闭性差、污染严重，国家现已明令禁止使用。

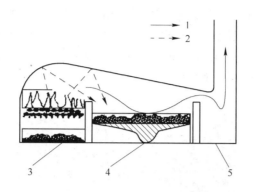

图 4-2 还原反射炉结构

1—热气流；2—辐射热；3—燃烧室；4—炉膛；5—烟道

4.2.3 还原回转窑

还原回转窑主要由焙烧窑和冷却窑两部分组成，加热源多用重油、煤气、电热或煤。还原回转窑内可分为干燥段、预热和升温段、加热反应段 3 部分，还原焙烧后的矿料温度有 800℃ 以上，再进入冷却窑内，向冷却窑外壁淋水，使焙烧矿冷却至 80℃ 以下后排出。整个过程是连续化进行的。

国外电解金属锰、电解二氧化锰和其他锰盐类产品的生产几乎都是使用回转窑工艺，以高品位软锰矿为原料，进行还原焙烧。20 世纪 70 年代，南京栖霞山锰矿采用回转窑还原软锰矿用于硝酸法化学二氧化锰生产，该回转窑外径 1.5m、内径 1.2m、长 30m，冷却窑直径 1.5m、长 16m，用发生炉水煤气为燃料，实际日处理软锰矿（含锰 21% ~ 26%）40t，还原率一直稳定在 90% 以上[19]。80 年代，国内云南、湖南、广东等地也曾建成回转窑用于软锰矿的还原焙烧。余植春[20] 报道了北京矿冶研究总院 1985 年对云南某锰矿回转窑进行改造的工业化试验，该回转窑窑体长 10m、外径 1m、内径 0.65m，转速 0.5r/min。采用从窑头喷煤粉的方式进行燃烧加热，处理建水软锰矿 399kg/h，还原煤配比 18%，还原温度为 830 ~ 850℃，窑尾温度 350 ~ 500℃，冷却窑长 6.7m，直径 0.33m，锰还原率达 93.2%，回转窑利用系数为 2.89t/（m^3·d），总煤耗 0.328t（标煤）/t（矿）。广西崇左康密劳化工公司[21] 采用兰州制造的大型回转窑进行进口高品位软锰矿（含锰量大于 45%）的还原焙烧。中信大锰公司大新分公司及天鸿鑫锰业科技有限公司先后于 2002 年及 2005 年起也使用电热式回转窑对低品位氧化锰矿进行还原焙烧，并进行了一段时间的电解锰生产实践。天鸿鑫锰业科技有限公司回转窑直径 2m，加热窑及冷却窑均为 45m，两套系统日处理锰矿 250t，该系统电耗为每处理 1t 矿需要电耗在 300kW·h 以上，运行一年由于电解锰价格猛跌而停止运行，所采用的电热回转窑如图 4-3 所示。湖南湘西自治州德邦化工有限公司开展了以半水煤气为源，使用多膛式回转窑焙烧还原氧化锰矿的试验。同时，2011年桂林郑初生等开发了利用生物质气化炉直接加热的回转窑中试系统，处理量为30t/d，可以大幅度减少电耗，但只能处理颗粒矿，同时也容易结窑，后来停止了运行。

图4-3 广西天鸿鑫锰业科技有限公司电热回转窑

谭永鹏等[22]与广西埃赫曼康密劳化工有限公司合作开发了用作电解二氧化锰生产的电热式焙烧冷却炉。该还原窑是将还原系统与冷却系统结合成一体实现氧化锰矿还原，电热式焙烧冷却炉由炉筒、传动系统、支撑装置、炉头喂料器、进出料箱、电加热系统、炉膛及保温系统、自动控制系统、强制急冷系统组成，其结构如图4-4所示。

该装置工作时，将二氧化锰矿和煤矿按一定比例混合计量后送入电热式焙烧冷却炉螺旋输送器，螺旋输送器将矿料推入预热段，经过预热后物料进入间接加热的回转窑焙烧段进行还原焙烧。物料随着筒体的转动向前移动，同时发生还原反应，经过加热段焙烧后，还原产品一氧化锰进入冷却单元，用冷水对产品进行间接冷却。冷却后产品通过出料口进入输送系统。该一体炉主要组成部件分为：（1）外炉体。采用固定、保温、隔热和耐火的材料构成。（2）内炉体。高温还

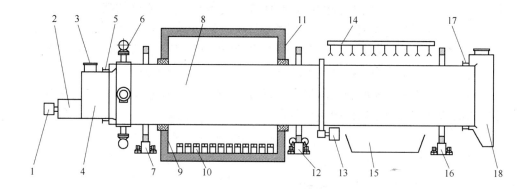

图 4-4 电热式焙烧冷却炉结构

1—进料传动；2—进料口；3—气体出口；4—进料箱；5—进料端密封；6—锤击器；7—前端托轮；
8—炉筒；9—炉膛密封；10—电加热丝；11—加热炉膛；12—托轮挡轮系；13—传动系统；
14—急冷装置；15—集水槽；16—后端托轮；17—出料端密封；18—出料箱

原部分采用便修、耐磨、耐高温和易于热交换的特种材料；预热、烘干部分采用普通耐火材料。（3）炉尾体。进行热交换，降低还原后的温度，防止和减少氧化的条件，最好使出炉温度降在 60℃ 以下。

该系统设计日处理量为 36t，还原率大于 98%。通过运行两个月，基本上达到了设计要求，但出料温度为 77℃，高于设计温度 17℃。

总之，回转窑存在着能耗高、投资大、窑内壁易结圈（疤）现象和生产成本较高等缺点，操作过程的工艺控制要求也较高，但是由于其工艺成熟、生产能力大、机械化程度高、设备也已定型化，故至今仍为焙烧还原法的首选炉型。Welham[23]的研究指出，将氧化锰矿和作为还原剂的煤一起磨细后再混合均匀入窑，可使还原温度降低 200℃ 左右，可以降低能耗，但要增加磨矿成本，国内没有工业化的实例。

4.2.4 沸腾炉及流态化还原炉

沸腾炉和流态化还原炉主要采用煤气或其他还原性的燃烧气体作为流化介质加热还原氧化锰矿。广西八一锰矿曾于 20 世纪 70 年代实验日处理 100t 氧化矿的单层沸腾炉，使用发生炉煤气或煤粉作为还原剂和燃料，由于加热和还原矿石在同一炉膛内完成，使炉内气氛难以合理控制，致使热耗高、热效率低、烟尘率大、残碳高，因而生产成本也高。王全祥等在广西全州某企业进行了工业化实践，采用喷煤粉沸腾还原的方式，生产过程煤耗高，尾端收尘量低，后来停止运行。巴西 ICOMI 矿业公司的圣塔纳厂采用了道尔-奥立佛公司的双格式流态层大型还原焙烧炉，日处理 1000t 精矿粉。广西大新县新振锰品公司正在与武汉理工大学合作开展"软锰矿流态化快速还原焙烧技术研究"项目的研究，并列入 2007 年广西科学研究与技术开发计划项目。

流化床反应器技术使燃料气通过分布在反应室底部炉算上的风帽，进入装有矿石的炉内。颗粒状物料在热气中悬浮进行反应达到完全还原。焙烧后矿料直接泵送到喷水滤池中。还原剂可以是煤气或另一个燃烧室内部分燃烧煤气。流化床还原法的沸腾炉设备连接如图 4-5 所示。

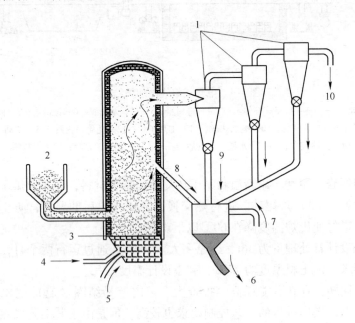

图 4-5　流化床还原法的沸腾炉设备连接

1—旋风除尘系统；2—矿石加入；3—炉算；4—空气；5—还原剂；
6—水冷焙砂料浆；7—喷水管；8—焙砂；9—烟尘道；10—排气

总的来讲，沸腾炉和流态化炉还原焙烧目前在我国尚处探索和研制阶段，工艺还未成熟，也存在着系统能耗大、热量不能回收、配套设备较复杂等问题。

4.2.5　微波还原炉

微波加热是使物料内的极化分子随着微波电磁场的交替变化发生高频振荡，分子激烈运动而产生的热量。采用微波加热还原氧化锰矿分解速率比采用传统加热提高了 2.18 ~ 16.71 倍，而在 Mn_2O_3-Mn_3O_4 过程中分解速率则提高了 1.85 ~ 78.86 倍。一方面是由于微波的穿透力强，加热速度快而且均匀；另一方面，由于氧化锰矿中的 MnO 是很好的微波吸收物质，而其他组分则不是，因而微波可以在矿物内部选择性地将 MnO 优先加热到较高温度，更加有效地促进了分解过程。试验还表明，利用微波加热技术对锰矿石进行的碳热还原反应有显著的催化作用，可以在较低的温度下进行还原反应，使其还原速度加快而且还原程度彻底，降低二氧化锰矿还原反应过程的能耗。目前可用于工业的氧化锰矿微波还原炉及炉体结构分别如图4-6和图4-7所示。

图4-6 氧化锰矿微波还原炉

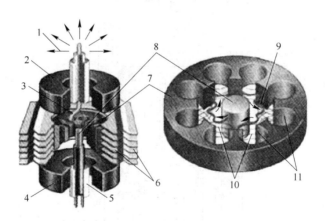

图4-7 微波还原炉炉体结构

1—微波辐射；2—磁控管；3—输出天线；4—磁控管；5—陶瓷；6—散热片；
7—阳极；8—阴极；9—电子通道；10—射频场；11—内腔

应用微波技术对低品位氧化锰矿进行的碳热还原焙烧试验已经取得了良好的效果。实践表明，采用该技术取代传统的外部传导式加热技术，实施对矿的还原焙烧是可行的，具有很大的实用价值和潜在的市场价值，是工艺技术上的一项重要进展。但是目前尚处试验阶段，在实现其大规模工业化应用方面，炉型结构、还原剂选择等问题上要求苛刻，投资和运行费用太大，还有许多工作需要切实进行。

4.2.6 立式窑还原系统

立式窑还原系统[24,25]是近两年着力发展的氧化锰还原炉系统，在我国的大型锰业公司宁夏天元及其他几家国内企业已经得到工业应用，炉体结构为柱状、立式、多通道、燃烧室与还原室隔离，隔绝空气冷却（见图4-8和图4-9）。本立式窑特点如下：（1）外炉体。采用固定、保温、隔热和耐火材料构成。（2）内炉体。高温还原部位采用便修、耐磨、耐高温和易于热交换的特种材料；预热、烘干部位采用普通耐火材料。（3）炉尾体。采用强对流热交换，在隔绝空气的条件下急剧降低还原后的温度，防止和减少反氧化的条件，使焙烧砂的出炉温度降低到60℃以下。（4）炉体结构。采用立式，充分利用矿石的重力，从上方进料、下方出料，实现热能的充分利用、劳动强度的最小和动力消耗的最省。（5）温度控制。采用镍铬、镍硅式热电偶加数字显示仪表指示温度，做到温度控制直观、准确和科学。（6）窑炉砌筑。为确保还原焙烧生产的顺利进行，在窑炉砌筑中，必须保持窑体的垂直度、光洁度、密闭性和稳固度等。（7）采用燃烧混合煤气进行加热，将会减少环境污染。

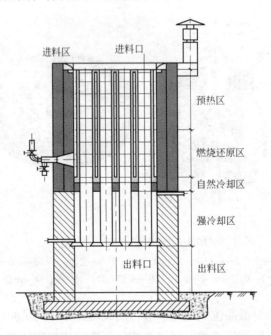

图 4-8　立式二氧化锰矿还原焙烧炉结构

具体操作为：将二氧化锰矿破碎至粒度不大于10mm、无烟煤粉碎至粒度不大于1mm。按照二氧化锰矿粉与无烟煤粉的质量比为100∶（13～15），用铲车将两者铲入盘式和料机中混合，再用螺旋运输机送入还原炉进料区，并采用自然密实度

图4-9　广西某企业的立式氧化锰矿还原系统

装入还原炉中。开启煤气发生炉，点燃混合煤气，先用小火烘炉（6~7d），再升温至850~900℃，使混合矿砂在高温还原区停留15~30min。开启冷却系统，采用间隙、多道轮流和定时定量放料。将出炉焙烧砂用皮带运输机送入矿砂冷却坪，待冷却至室温后，用雷蒙机粉碎至粒度不大于150μm，装袋或送入矿料仓中备用。

表4-1　不同产地氧化锰矿在立式窑还原的效果　　　　（%）

矿产地	还原剂用量①	$w(Mn)$		$w(MnO_2)$		还原效果	
		原矿	焙砂	原矿	焙砂	产品率	还原率②
进口矿	15	42.35	47.50	65.61	3.20	89.15	95.65
广西矿	13	22.12	24.30	34.27	2.25	91.03	94.03
湖南矿	13	23.68	26.28	36.40	1.75	90.11	95.67
云南矿	12	25.91	28.66	38.81	2.43	90.39	94.33
湖北矿	12	20.16	22.06	30.45	1.74	89.55	94.78

注：焙烧温度850~900℃。
①还原剂用量=（无烟煤粉质量/二氧化锰矿质量）×100%。
②还原率=［（原矿二氧化锰含量-焙烧砂二氧化锰含量×产率）/原矿二氧化锰含量］×100%。

通过对不同产地氧化锰矿还原，得到表4-1的实验结果，氧化锰矿的还原率在94%以上。但该设备单台产量不高，据说宁夏天元为了满足电解锰的要求，已建设200多台立式炉用于氧化锰矿还原。

4.3　生物质还原炉设备开发与设计

4.3.1　生物质还原炉选型研究

通过研究发现，生物质与氧化锰矿反应过程出现自流态化现象，给还原炉选型及确定带来了很大的困难。传统的还原炉窑对生物质还原的参考价值不大，因此必须开发新型还原炉以满足生物质还原的需要。课题组先后开发了四种类型生物质还原炉，通过归纳总结，确定使用多层螺旋推进反应炉作为生物质还原工业化首选还原炉型。下面生物质还原炉开发过程中使用过的生物质还原炉型做一个全面的介绍。

4.3.1.1　螺旋推进式还原炉

早在2005年课题组在反复实验的基础上开发了螺旋推进式还原实验炉（见图4-10），可以达到日处理氧化锰矿3t的规模。

(a)

(b)

图 4-10　螺旋推进式生物质还原炉

(a) 整体；(b) 干燥及反应

该还原炉包括预热段、反应段及冷却段三段，均采用螺旋推进。在预热段是采用反应段产生的气体进行预热，需要达到200℃进入反应段；反应段是利用过量生物质通入少量空气燃烧及反应自身产生的热量，实现加热，控制温度在400~500℃；反应完成后进入冷却窑通冷却水冷却，使还原料冷却到60℃以下防止再氧化。该系统可实现氧化锰的还原率90%以上。

　　主要存在问题：氧化锰矿及生物质的含水率必须控制在3%以下才能进入系统进行还原。空气的量不好控制，造成还原不稳定。热量无法利用，尤其在反应过程中产生的热量无法在前端预热段充分利用，造成反应温度难以控制。实际操作过程需要不停修改配方及通空气量才能实现氧化锰矿。同时生物质加量高，造成残碳高，物料遇到空气会"死灰复燃"，直接影响还原效果。

4.3.1.2　立窑还原系统

　　2008年建立了日处理3t矿的立窑生物质还原实验系统，如图4-11所示。生物质与氧化锰粉按一定比例加少量水制成蜂窝矿球，干燥至含水20%成型后，加入立窑；立窑下方用煤加热控制还原炉内温度在500℃，在立窑下方的下料器将矿破碎，进入还原的螺旋推进炉内，控制停留时间在20min以上；进入冷却螺旋器，将物料冷却到60℃以下；完成氧化锰矿物还原。采用该系统还原造价低、粉尘量少（在立窑中，水蒸气将大部分粉尘凝结，返回立窑中），可以连续化生产。一段时间的运行表明，氧化锰矿的还原率大于90%。

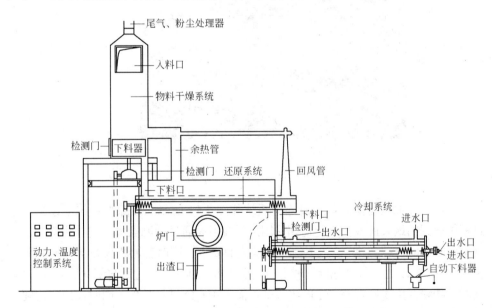

图4-11　生物质立窑还原系统

上述系统主要存在的问题是：（1）需要制球，增加了工序，会增加设备投资及劳动强度。(2)制球过程加入水,同时需要干燥,增加了能耗。(3)即使将物料冷却到40℃以下,仍然存在"死灰复燃"问题。

4.3.1.3 回转窑生物质还原炉

在总结各种炉型的基础上,开发了日处理矿物60t的生物质回转窑还原炉。该生物质还原炉由干燥窑、反应窑及冷却窑组成,如图4-12所示。干燥窑长12m,直径0.8m,内置翻板,采用生物质气化炉(见图4-13(b))产生的燃烧气通入干燥窑尾端直接内加热,在入料端引风,使物料达到300℃,引发还原反应;物料引发后进入生物质还原炉内(见图4-13(a)),还原炉长6m,直径1.2m,炉内设计有长0.4m的螺旋翻板,以保证物料在反应器内的停留时间。反应初始阶段,引入气化炉燃烧气在还原炉底部加热,保证温度在450℃以上;还原后的物料进入冷却窑,冷却窑直径0.8m,长14m,内置螺旋冷却水管,采用外喷淋及内通冷却水方式进行冷却,在连续运行的情况下可使还原物料冷却到80℃左右。

图4-12 三段回转窑生物质还原炉布置图

生物质还原氧化锰矿各工段除尘系统如图4-14所示。该除尘系统是设备开发过程中遇到的最大挑战,运行初期采用加料端引风通过旋风除尘后进入水除尘,发现尾气排放时冒"黄烟",达不到环保排放的要求,同时物料损失量大,矿物料损失量达到2%以上。通过分析发现生物质还原氧化锰矿反应过程将氧化锰颗粒破碎,同时矿物料及生物质含有一定的水分,不能采用布袋进行收尘。同时反应窑内粉尘冲入干燥窑时,使内加热火炬熄灭,由于生物质气化炉产生的燃烧气体中含有10%左右的氢气,因此具有危险性。通过在还原炉尾端增加一套脉冲除尘(见图4-14(a)),还原过程产生细微颗粒得到收集,保证了系统的正常运行。

(a)

(b)

图 4-13 生物质还原炉及生物质气化炉

（a）回转生物质还原炉；（b）生物质气化炉

(a)

(b)

(c)

图 4-14 生物质还原氧化锰矿各工段除尘系统

(a) 脉冲除尘；(b) 旋风除尘器；(c) 水除尘系统

通过运行得到如下经济技术数据：（1）氧化锰还原率大于 90%；（2）生物质消耗量为 25%（生物质/氧化锰矿质量比）；（3）处理每吨原矿电耗 18kW·h。

该系统存在的问题也是明显的：（1）生物质气化炉连续运行 1 周后需要清理，由于有氢气产生，运行过程需要严格操作；（2）能量利用不大合理，尤其在还原炉尾端除尘造成了比较大的能量损失；（3）由于物料在热状态下流动性大，冷却窑结构复杂，冷却面积不够。

4.3.1.4 层式螺旋推进还原炉

在试验中总结了各种还原炉的优点后，开发了日处理矿物100t的层式螺旋推进生物质还原炉（见图4-15），主要从以下几方面考虑：

（1）热量合理利用，达到减少能耗的目的。将干燥、预热及反应阶段合并到还原炉内，还原炉分成三层：第一层为干燥层，出口温度控制120℃；第二层为预热层，出口温度控制在300℃以上；第三为还原反应层，出口温度控制在450~500℃。反应还原炉采用螺旋推进，每一层有三组。底层的反应热向上传导，用于物料预热及干燥。同时在还原炉尾端出料口增加叶片风冷系统，将热风鼓入还原炉直接燃烧生物质颗粒达到控制还原炉温度的目的，使余热得到充分利用，同时将热物料得到了冷却，减少了后续冷却的负担。物料经风冷后，物料温度降至300℃以下，进入水冷及层式冷却器。干燥、预热及反应系统在同一炉内，减少与外界的热交换，达到节能的目的，相对于回转窑还原，生物质的总用量降低至16%以下，相当于节能30%。

图4-15 层式螺旋推进生物质还原炉

（2）大幅度降低粉尘处理量，改善操作环境。该层式螺旋推进生物质还原炉除尘系统如图4-16所示。生物质还原氧化锰矿在反应过程中产生自流态化现象，一旦扰动会产生大量粉尘，一方面增加了后续除尘系统的负担，大量反应物料进入除尘器，热量损失严重，使反应段温度无法控制，影响还原效果并增加能耗。另一方面，除尘器尾气及收集收尘物料在转运过程均产生粉尘严重影响操作环境。从设备的角度考虑，采用螺旋推进相对于回转窑可以将少扰动，从而减少粉尘量；气体收集从预热段中间设立出口，同时也达到降低粉尘收集量的目的。

(a)

(b)

图 4-16 层式螺旋推进生物质还原炉除尘系统

(a) 旋风除尘；(b) 脉冲除尘

(3) 改变冷却方式，降低出料温度，增加还原物料的稳定性。由于反应物料的自流态化性质，使传统冷却方式（如回转窑等）无法得到利用。本生物质还原炉采用三段冷却的方式实现物料的冷却（见图4-17和图4-18）。首先反应物料进入风冷系统使物料温度降低至350℃左右，热风进入反应炉内使预热得到了部分利用；然后进入水冷螺旋内，降温度至250℃左右，去自流态化冷却效果明显；最后进入层式冷却器，分三层，由固定的通冷却水铜管及运动耐热玻璃布组成，铜管与玻璃布间距为4mm，经三层冷却后物料温度降低到60℃以下。

(a)

(b)

图4-17　生物质还原炉冷却系统
(a) 水冷却；(b) 层式冷却器

（4）储存的稳定性。还原的物料遇到空气会发生重新氧化，使还原率大幅度降低，因此反应系统稳定的问题十分重要，详细研究见4.3.4节。从设备方面，采用在出料仓（图4-18（b））喷5%抗氧化液达到防止物料重新氧化的目的。在实际生产中可将冷却物料直接通入水中来保证还原物料的稳定性。

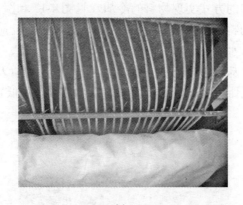

(a)

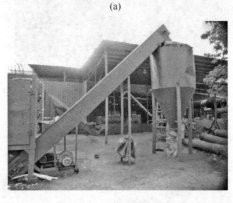

(b)

图 4-18 还原物料的冷却反应器
（a）水冷却器内部；（b）出料器

4.3.2 生物质还原氧化锰矿能量平衡计算

生物质热解还原氧化锰矿过程的吸热量是指在生物质热解还原锰矿过程中提供物料升温和还原反应所需热量的总和，是生物质热解还原制备一氧化锰过程中必须提供的最小热量。为计算方便，能量平衡计算忽略生物质热解还原锰矿过程中对环境的热损失，只包括还原反应的热变化、物料的吸热过程和物料中水分蒸发的吸热过程。生物质热解还原制备一氧化锰过程可分为两个步骤：生物质热解释放还原性挥发分和固定碳的过程、生物质挥发分将锰矿中的 MnO_2 和 Fe_2O_3 还原成 MnO 和 Fe_3O_4 过程，反应方程式如下：

$$生物质 \longrightarrow 挥发分 + C \tag{4-1}$$

$$挥发分 + MnO_2 + 1/2Fe_2O_3 \longrightarrow MnO + 1/3Fe_3O_4 + CO_2 + H_2O \tag{4-2}$$

根据盖斯（Hess）定律，将生物质热解还原制备一氧化锰过程看作生物质燃烧过程（见式（4-3））和锰矿还原过程（见式（4-4）~式（4-5））的总和减去生物质热解产生的固定碳的燃烧反应（见式（4-6））的过程。

$$生物质 + O_2 \longrightarrow CO_2 + H_2O \tag{4-3}$$

$$MnO_2 \longrightarrow MnO + 1/2O_2 \tag{4-4}$$

$$1/2Fe_2O_3 \longrightarrow 1/3Fe_3O_4 + 1/12O_2 \tag{4-5}$$

$$C + O_2 \longrightarrow CO_2 \tag{4-6}$$

基于基尔霍夫（Kirchhoff）方程的标准反应热 $\Delta H^{\ominus}(T)$ 的计算方程[26]：

$$d\Delta H^{\ominus} = \Delta c_p dT \tag{4-7}$$

在 298K ~ T 之间积分上式，便得到：

$$\Delta H^{\ominus}(T) - \Delta H^{\ominus}(298) = \int_{298}^{T} \left[\sum (n_i c_p)_{生成物} - \sum (n_i c_p)_{反应物} \right] dT \tag{4-8}$$

考虑到：$\int_{298}^{T} c_p dT = H^{\ominus}(T) - H^{\ominus}(298)$，代入公式可得到：

$$\Delta H^{\ominus}(T) = \Delta H^{\ominus}(298) + \sum \left\{ n_i \left[H^{\ominus}(T) - H^{\ominus}(298) \right]_i \right\}_{生成物} -$$

$$\sum \left\{ n_i \left[H^{\ominus}(T) - H^{\ominus}(298) \right]_i \right\}_{反应物} \tag{4-9}$$

热力学计算采用的温度是生物质热解还原制备一氧化锰的最佳温度 673K。由热力学数据手册[27]查得相关物质的标准生成自由焓 $H^{\ominus}(298)$ 和 673K 时的相对焓 $H^{\ominus}(673) - H^{\ominus}(298)$，列于表4-2。

表4-2　生物质热解还原制备一氧化锰相关物质的反应热力学参数　（J/mol）

参　数	O_2	CO_2	H_2O	C
$H^{\ominus}(298)$	0	− 393505	− 241814	0
$H^{\ominus}(673) - H^{\ominus}(298)$	3061	4094	3407	1051
参　数	MnO_2	MnO	Fe_2O_3	Fe_3O_4
$H^{\ominus}(298)$	− 520071	− 384928	− 825503	− 1118383
$H^{\ominus}(673) - H^{\ominus}(298)$	6059	4715	11524	16232

由式（4-9）计算可以得到反应（4-4）~反应（4-6）的反应焓，分别为 1.353 $\times 10^2$ kJ/mol、3.986 × 10kJ/mol 和 − 3.935 × 10^2 kJ/mol。反应（4-3）的反应焓为

生物质的燃烧热。

预设氧化锰矿的用量为 10g，根据锰矿中含水量为 6.59%、锰含量为 19.07%、铁含量约 13.00%，计算得到 Mn 和 Fe 物质的量分别为 0.0324mol 和 0.0217mol，生物质用量按生物质和锰矿的质量比 10∶1 计算为 1g。由图 2-7 及表 2-5 可知生物质 673K 热解后的残留物量及其碳含量，由此可计算固定碳的物质的量。由图 3-3 可知 673K 锰矿中锰的还原率约为 100%、铁还原率约为 60%，由此计算 10g 锰矿被 1g 生物质还原的反应热。

生物质热解还原制备一氧化锰的加热过程中所吸收热量包括锰矿和生物质升温过程的吸热，它们含有水分蒸发过程中的吸热，其中生物质和矿吸热的初始温度设为 30℃、锰矿的最终温度设为 400℃、生物质最终温度设为 200℃。氧化锰矿的比热容为 0.966kJ/(kg·K)，生物质的比热容大约都在 0.750kJ/(kg·K)左右；水分蒸发初始温度也设为 30℃，假设水分汽化后立即排出体系，即水分蒸发的最终温度为 100℃，水的比热容为 4.20kJ/(kg·℃)，水汽化热为 2260kJ/kg。由此计算 10g 锰矿和 1g 生物质升温过程的吸热量，将还原反应放出的热量减去物料升温过程的吸热量，就可以得到整个还原过程所需外界提供的热量，将此能量除以生物质的燃烧热就是提供此能量所需的生物质质量，结果列于表 4-3。

表 4-3 生物质热解还原制备一氧化锰反应热分析

生物质	燃烧热 /kJ·g^{-1}	水分/%	固定碳 /mol	反应放热 /kJ	物料吸热 /kJ	水汽化热 /kJ	总热量 /kJ	生物质/g
稻 秆	15.98	8.92	0.0211	−1.348	3.455	1.911	4.018	0.251
锯 末	17.27	6.51	0.0184	−4.002	3.458	1.849	1.305	0.076
麦 秆	16.12	5.46	0.0217	−1.797	3.459	1.823	3.485	0.216
玉米秆	15.80	8.01	0.0202	−1.682	3.456	1.888	3.662	0.232
竹 粉	17.45	8.13	0.0195	−3.454	3.456	1.891	1.893	0.108

从计算结果看出：在温度为 400℃，不同种类的生物质作为还原剂反应放热、物料加热和物料干燥吸热各不相同，其中木质类生物质由于其热值较高，从成本控制角度上看比秸秆类生物质具有一定的优势。五种生物质的还原反应的放热量都比矿物及生物质干燥和升温吸热量少，所以为保证反应顺利进行，需要外部补充能量。处理 1t 矿物需要补充的生物质为 7.6 ~ 25.1kg，即总的生物质消耗量在 125kg/t（锰矿）以内，相对于煤炭还原中煤耗量的 260kg，本工艺的耗能要小得多。

干燥单元的吸热量包括物料升温至200℃的吸热量和物料中水分蒸发的吸热量，根据表4-4的热化学计算，干燥单元是耗能最大的操作单元，占所需外界能量的88%～100%。而还原焙烧单元中进料口温度设为200℃，其能耗主要是物料从200℃升温至还原温度400℃所需的热量减去还原反应在400℃的放热量。表4-4的热化学计算表明还原单元所需能量占总能量的比例很低，为0～11%。以锯末和竹粉作为还原剂时，还原反应的放热量不仅足够满足反应所需的能量，多余的热量还可以返回用于上一单元物料的干燥。

表4-4 生物质热解还原制备一氧化锰工艺热分析

总需热量/kJ	干燥单元/kJ	所占比例/%	还原单元/kJ	所占比例/%
4.018	3.561	88.63	0.457	11.37
1.305	1.305	100	0	0
3.485	3.477	99.78	0.008	0.22
3.662	3.539	96.65	0.123	3.35
1.893	1.893	100	0	0

4.3.3 生物质还原氧化锰矿物料平衡计算

氧化锰矿按1t计算，所需生物质为0.1t，还原焙烧后，氧化锰矿中6.59%的水分挥发，共计65.9kg；按锰含量为19.07%计算锰矿中二氧化锰还原为一氧化锰后失重量，还原率100%，计算共计51.8kg；按铁含量为13.00%计算锰矿中氧化铁还原为四氧化三铁的失重量，还原率60%，共计3.5kg；生物质还原后的残碳按生物质400℃热解的残留物的量计算，为24.8kg。因此还原焙烧后得到的一氧化锰产品总重为903.6kg，与处理1t氧化锰矿实际测量得到的904.4kg一氧化锰产品相比基本一致。一氧化锰物料中锰含量经测得为19.56%，按1t氧化锰矿中的锰金属进行衡算，回收率为99.2%，由此说明物料在体系中几乎达到了平衡。

锰矿原料中锰金属量为：$19.07\% \times 934.10 = 178.13$kg；

一氧化锰中锰金属量为：$19.56\% \times 903.59 = 176.74$kg；

锰的回收率为：$176.74 \div 178.13 = 99.2\%$。

4.3.4 生物质还原低品味氧化锰矿的产品防氧化研究

生物质还原低品味氧化锰矿工艺包括原料混合、干燥、还原焙烧和产品冷却四部分。在实验过程中发现，生物质还原得到的一氧化锰物料在冷却过程中易被空气再氧化，搁置15min后，还原率就降低到70%以下，这和工业生产中锰矿还原率大于90%的要求相差很远。因此，设计有效的防氧化系统或寻找一种合适

的添加剂防止一氧化锰物料的再氧化，将这一环境友好型的还原低品味氧化锰矿
技术推向工业生产应用至关重要。

4.3.4.1 空气氧化一氧化锰产品影响因素的研究

A 物料堆积厚度对氧化率的影响

由于不同堆积厚度的一氧化锰物料接触到的空气量不同，因此物料堆积厚
度对空气氧化率的影响不能忽略。在氧化温度为400℃，时间为30min，生物
质竹粉的粒度为1mm，物料的堆积厚度为5cm，分别在1cm、2cm、3cm、
4cm、5cm深度取样，分析锰浸出率，结果如图4-19所示。结果表明，物料表
面处的一氧化锰基本都被氧化，当深度从1cm增加至3cm时，氧化率下降，从
33.15%降到1.15%；而当深度超过4cm时，物料基本不被空气氧化。因此，
在实际生产中，控制合理的物料堆积厚度可以有效地减少空气对一氧化锰物料
的再氧化。

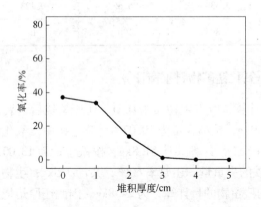

图 4-19 堆积厚度对一氧化锰
物料氧化率影响

B 生物质粒度对氧化率的影响

当氧化温度为400℃，时间为30min，物料的堆积厚度为2cm，竹粉粒度范
围为0.25~2.0mm时，生物质粒度对一氧化锰物料氧化率的影响结果如图4-20
所示。从图4-20中可以发现，生物质粒度的增加导致氧化率的增加，其中当生
物质粒度从0.25mm增加到1.0mm时，氧化率从27.36%增加到36.62%。生物
质粒度增加导致物料的氧化率增大的原因是生物质通过热解还原制备一氧化锰后
残留的固定碳保持原生物质的形状大小，即加入的生物质颗粒越大，残留在一氧
化锰物料中的固定碳的体积也越大，导致还原后的一氧化锰物料疏松，氧化率也

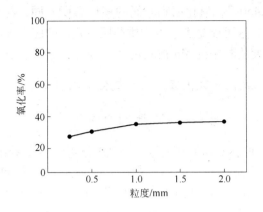

图 4-20 生物质粒度对一氧化锰
物料氧化率的影响

就增加。因此，在控制成本基础上适当地降低生物质粒度可以有效减小物料的氧化率。

C 焙烧温度和时间对氧化率的影响

当物料的堆积厚度为 2cm，生物质竹粉的粒度为 1.0mm 时，得到氧化温度和时间对一氧化锰物料氧化率的影响，如图 4-21 所示。由图 4-21 可知，温度对一氧化锰氧化率的影响较大，随着温度的增加，氧化率明显增加。当温度从 200℃升到 400℃，反应 15min 的氧化率从 27.98% 升到 35.73%。反应时间对氧化率的影响也较大，200~400℃时的氧化率与时间的曲线图相似：开始的 0~3min，氧化速度很慢，是空气从外界到物料的扩散时间，空气只和石英舟表面的样品反应；在接下来的 3~15min 内，氧化率急剧增加至最大值，并随时间增加

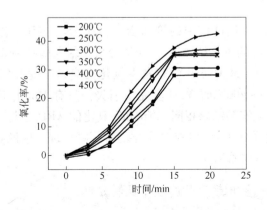

图 4-21 焙烧温度和时间对一氧化锰物料氧化率的影响

而不再增加；但在 450℃，氧化率和时间的规律有所不同，在反应 15min 后，氧化率仍然不断增加，这可能是由于生物质还原后残留的固定碳在空气中开始燃烧放出大量热量，致使物料中的 Mn 被氧化。

4.3.4.2 空气氧化一氧化锰产品的氧化机制研究

A 空气氧化一氧化锰产品的产物 XRD 分析

在不同氧化温度下得到的产物进行 XRD 分析，可以看出一氧化锰在空气氧化过程中 Mn 的价态变化。从 XRD 图（见图 4-22）中可以看出，一氧化锰在 200～400℃下的氧化产物 XRD 图几乎相同，只能看出的氧化产物是 Mn_3O_4，并且 450℃下有 Mn_2O_3 生成，并不能反映 Mn 在氧化过程中细微的价态变化。

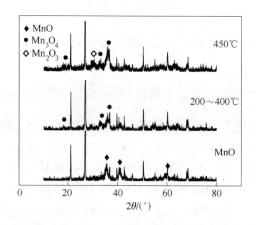

图 4-22 还原锰矿在不同温度下
氧化过程中的 XRD 图

为了验证 Mn 在氧化过程中的价态变化，在 150～450℃温度范围内，对纯 MnO 与空气发生反应的氧化产物进行 XRD 分析，结果如图 4-23 所示。从图 4-23 中可以看出，MnO 在 150℃下并没有发生氧化反应，温度升到 200℃时，Mn_3O_4 的峰开始出现，300～400℃时 MnO 峰完全消失，只有 Mn_3O_4 这一种产物，这和锰矿还原产物的氧化实验结果相同。纯 MnO 氧化的 XRD 图与一氧化锰物料的不同是，MnO 在温度升到 450℃没有 Mn_2O_3 的特征峰出现，这说明 Mn_2O_3 的形成和生物质残留的固定碳燃烧有关。

B 空气氧化一氧化锰产品的氧化机制分析

根据锰矿还原的裂核模型，生物质在 400℃和氧化锰矿反应时，锰矿颗粒内

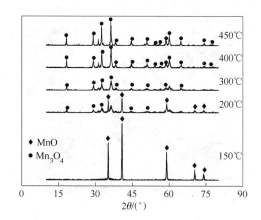

图4-23　纯 MnO 在不同温度下氧化过程中的 XRD 图

部形成了很多裂纹，由原来的实心颗粒变成了多孔颗粒，可以把它看成是很多更小的实心颗粒组成的集合物（见图4-24（a）），导致了空气与颗粒的接触面积增大，是氧化反应速度快的主要原因；当这些一氧化锰实心小颗粒在高温下和空气接触，逐渐形成 Mn_3O_4 小反应核，反应核在诱发阶段分布在颗粒表面，随着反应的进行，初始核不断长大，相界面增大，氧化反应速率不断加大，当核长大彼此相接触汇合时，反应速率达最大值；一氧化锰颗粒的裂缝逐渐被氧化产物堵塞，锰矿颗粒又重新恢复成实心颗粒（见图4-24（b））。

C　空气氧化一氧化锰产品的氧化动力学分析

还原锰矿再氧化动力学的氧化温度范围为 200～450℃，时间范围为 0～15min。根据空气氧化一氧化锰产品过程的分析，发现一氧化锰空气氧化反应中反应核的形成和长大是重要的步骤。核形成和长大的时间 t 和转化率 α 之间的函数关系可以用依洛菲耶夫（Erofeev）动力学方程来描述[28,29]，其方程式为：

$$\ln[-\ln(1-\alpha)] = n\ln t + \ln k \tag{4-10}$$

式中，α 为时间 t 内一氧化锰的再氧化率；k 为反应速度常数；n 为系数，其值与初始反应核形成过程的动力学特征有关。

一般地，当 $n<1$ 时，反应过程为动力学所控制；当 $n>1$ 时，反应过程为扩散所控制；$n=1$ 时，反应为一级反应，反应速率和未参与氧化反应的 MnO 的百分数呈正比。

将图4-21得到的 α 和 t 代入动力学公式，$\ln[-\ln(1-\alpha)]$ 对 $\ln t$ 作图（见图4-25），结果表明依洛菲耶夫（Erofeev）动力学方程对实验数据具有较好的拟合

(a)

(b)

图 4-24 一氧化锰（a）以及氧化后一氧化锰（b）的 SEM 图

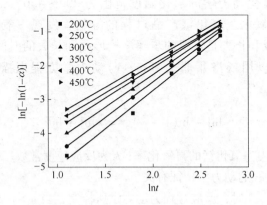

图 4-25 ln[- ln(1 - α)]对 ln$t$ 作图

效果。在各个温度条件下，计算得到的 n 均大于 1（200℃，$n = 2.24$；250℃，$n = 2.10$；300℃，$n = 1.93$；350℃，$n = 1.78$；400℃，$n = 1.68$；450℃，$n =$

1.63）。因此，可以判断在 200~450℃ 温度范围内，一氧化锰物料的空气再氧化反应为扩散控制过程。

从图 4-25 中直线的截距可求出氧化反应的表观速度常数 k，它和反应温度的关系可以由 Arrhenius 表达：

$$k = Ae^{-E/RT} \tag{4-11}$$

将式（4-11）积分便得到 Arrhenius 公式的积分形式：

$$\ln k = \ln A - E_1/RT \tag{4-12}$$

式中，E_1 为反应表观活化能，J/mol；R 为气体常数，8.314J/(mol·K)；A 为指前因子或频率常数，min^{-1}。

将每个温度下的 $\ln k$ 值对 $1000/T$ 作图，得到 Arrhenius 线性图，如图 4-26 所示。从而可根据斜率计算出表观活化能 $E = 25.10kJ/mol$。该表观活化能小于扩散控制的最大理论值（40kJ/mol），说明空气氧化一氧化锰产品反应由扩散动力学控制。

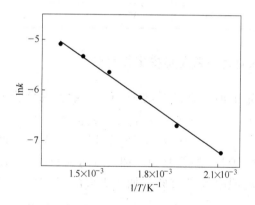

图 4-26　一氧化锰物料再氧化的 Arrhenius 线性图

4.3.4.3　一氧化锰产品防氧化措施的研究

氧化锰矿中 MnO_2 在被生物质热解还原成 MnO 后，在较高的温度（大于200℃）容易被空气再氧化，必须利用冷却设备尽快在无氧条件下，将生成的一氧化锰物料冷却至100℃以下，才能形成比较稳定的产品。但由于产品中存在大量的生物质固定碳颗粒，即使将产品冷却至60℃以下，遇到空气又可能重新点燃，存放几小时后，物料温度也可升至200℃以上，使产品表层氧化，必须采取进一步防止氧化的措施。经研究发现，通过向冷却的产品加入一定量的添加剂溶液可防止产品复燃，并达到防止氧化的目的，同时可大幅度降低产品在包装时扬尘的产生，有利于产品的运输。

A 添加剂种类对一氧化锰安定性的影响

选取添加剂的一个标准是尽量不向现有的锰产品中引入其他杂质，选用的添加剂分别为 NH_3、Na_2SO_4、H_2SO_4 或（NH_4）$_2SO_4$。反应条件：向一氧化锰物料中加入锰元素摩尔比为 10% 的添加剂溶液，物料的堆积厚度为 2cm，200℃下氧化焙烧 20min，得到不同添加剂对空气再氧化率的影响，其结果见表 4-5。从表 4-5 中可以看到，当以 NH_3 和 Na_2SO_4 作为添加剂时，并不能有效防止一氧化锰物料被空气再氧化，而加入 H_2SO_4 和（NH_4）$_2SO_4$ 时，一氧化锰的氧化率大大地降低，并且 H_2SO_4 的效果更明显。H_2SO_4 的加入使物料表面的一氧化锰与 H_2SO_4 反应生成 $MnSO_4$，由于 $MnSO_4$ 在空气中比较稳定，不易被氧化，保护了物料颗粒内部的 MnO 的再被空气氧化。

表 4-5 添加剂种类对一氧化锰氧化率的影响 （%）

添加剂	NH_3	Na_2SO_4	H_2SO_4	（NH_4）$_2SO_4$
氧化率	37.31	37.23	3.31	15.31

B H_2SO_4 加入量对一氧化锰安定性的影响

向一氧化锰产品中加入不同量的 H_2SO_4 溶液，混合物的堆积厚度为 2cm，200℃下氧化焙烧 20min，得到添加剂量对一氧化锰氧化率的影响，其结果如图 4-27 所示。由图 4-27 可看出，H_2SO_4 的加入量小于产品中锰摩尔比的 7%，不能防止一氧化锰被空气氧化。随着 H_2SO_4 加入量达到 8%，一氧化锰的氧化率下降到 3.43%，锰的总还原率大于 95%。加入更多的 H_2SO_4，一氧化锰的氧化率没

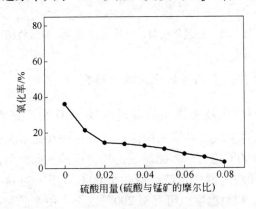

图 4-27 硫酸用量对锰矿氧化率的影响

有明显的降低，使反应过程产生大量的硫酸烟气。因此，在工业生产中建议加入 8% 的 H_2SO_4 来提高一氧化锰物料的安定性。

综上所述，物料堆积厚度、生物质粒径、氧化温度和氧化时间是影响空气氧化一氧化锰产品的主要因素，控制合理的一氧化锰物料堆积厚度、生物质粒径，减小一氧化锰产品和空气接触的温度和时间，可以有效地减少空气对其的氧化。空气氧化一氧化锰的机理研究表明，在 $200 \sim 400℃$ 的温度范围内，氧化产物主要为 Mn_3O_4；当温度达到 450℃ 时，生物质固定碳开始燃烧放出的热量使 Mn_3O_4 被继续氧化成 Mn_2O_3。氧化反应动力学研究表明，一氧化锰产品的空气氧化过程属扩散动力学控制，表观活化能为 25.10kJ/mol。防氧化措施的研究表明，NH_3、Na_2SO_4、$(NH_4)_2SO_4$ 和 H_2SO_4 作为添加剂时，H_2SO_4 的防氧化效果最好，加入氧化锰矿中与锰的摩尔比为 8% 的 H_2SO_4 可以将物料空气的氧化率降至 3.43%。

4.4　生物质还原在电解锰生产中的应用

通过生物质还原低品位氧化锰矿，生产出一氧化锰原料，供广西某电解金属锰企业生产使用。各工段的具体应用情况如下：

（1）还原工段。2013 年 1 月 11 日，通过对生物质还原氧化锰矿系统调试后，正常生产时间为 30 天。一共投入了 2551.45t 二氧化锰矿，产出焙烧矿 2384.88t，平均焙烧还原率为 93.47%。

（2）制液工段。共投入 1780t 焙烧矿粉，749t 硫酸（浓度 98%），平均酸耗为 1.2t/t（产品）；浸出率为 85.84%，回收率为 88.45%。由于焙烧矿杂质含量少，除杂剂使用量也明显。

（3）电解锰工段。采用还原的氧化锰共生产电解金属锰 585.29t，相对于采用碳酸锰矿作为电解锰原料，电耗明显减少，平均电耗为 6200kW·h。生产过程 Se 的用量减少，产品中杂质含量减少（如铁、硫），采用还原氧化锰矿生产出了合格的电解锰产品。

其产品质量指标为：Mn ≥ 99.7%，P 0.001%，S 0.016%，Fe 0.027%，Si 0.0028%，Se 0.067%。还原氧化锰矿与碳酸锰矿各项指标对比见表4-6。

表4-6　还原氧化锰矿与碳酸锰矿各项指标对比

生产流程	指标项目	单　位	单　耗	碳酸锰矿生产指标单耗
焙烧过程	加工 1t 焙烧矿耗氧化锰矿	t	1.2	
	生物质原料	t	0.2	
	磨矿耗电	kW·h	30	

续表4-6

生产流程	指标项目	单　位	单　耗	碳酸锰矿生产指标单耗
	焙烧矿	t	2.85（品位 Mn^{2+} 28%）	7.9（品位 Mn^{2+} 18%）
	二氧化锰粉	t	0	0.5
制液过程	硫　酸	t	1.2	4.3
	浸出率	%	85.8	78
	回收率	%	88.9	80
电解过程	电	kW·h	6200	7500
	Mn	%	≥99.7	≥99.7
电解锰 产品 各项指标	P	%	0.001	0.001
	S	%	0.025	0.048
	Fe	%	0.027	0.014
	Si	%	0.0028	0.0032
	—Se	%	0.067	0.1

　　通过采用还原氧化锰矿替代碳酸锰矿作为电解锰的原料，从实际使用效果看：可大幅度降低酸耗及电解锰生产的电耗，酸耗由每生产 1t 电解锰 4.3t 硫酸降至 1.2t 硫酸；电耗由 7500kW·h 降低至 6200kW·h，同时生产出了合格的电解锰产品。

****

参 考 文 献

[1] 李同庆. 低品位软锰矿还原工艺技术与研究进展[J]. 中国锰业，2008，26(2):4.

[2] 华一新，刘纯鹏，乐莉. 微波促进 MnO_2 分解的动力学[J]. 中国有色金属学报，1998，8(3):497.

[3] Hua Y X. Microwave-aided decomposition of pyrolusite[J]. Acta Metallugica Sinica, 1997, 10(6):474.

[4] Nayak B B, Mishra K G, Paramguru R K. Kinetics and mechanism of MnO_2 dissolution in H_2SO_4[J]. Journal of Applied Electrochemistry, 1999, 29: 191.

[5] 袁明亮，梅贤功，陈工，等. 两矿法浸出软锰矿的工艺与理论[J]. 中南工业大学学报，1997，28(4):329.

[6] 袁明亮，梅贤功，邱冠周，等. 两矿法浸出软锰矿时元素硫的生成及其对浸出过程的影响[J]. 化工冶金，1998，19(19):161.

[7] 卢宗柳，都安治. 两矿法浸出氧化锰矿的几个工艺问题[J]. 中国锰业，2006，24(1):39.

[8] 欧阳昌伦，谢兰香. 锰矿湿法脱硫过程中影响连二硫酸锰生成的主要因素[J]. 化工技术

与开发，1983，3：60.

[9] 刘启达. 高效实用的软锰矿浆脱硫新技术和流程[J]. 广东化工. 1998(2):19.

[10] Das S C, Sahoo P K, Rao P K. Extraction of manganese ores by FeSO₄ leaching. Hydrometallurgy [J]. 1992, 15：35.

[11] 朱道荣. 软锰矿-硫酸亚铁的酸性浸出[J]. 中国锰业，1992，10(1):30.

[12] 张东方，田学达，欧阳国强，等. 银锰矿中锰矿物的铁屑还原浸出工艺研究[J]. 中国锰业，2007，25(1):24.

[13] 田学达，等. 软锰矿无煤还原制备硫酸锰溶液的方法[P]. 中国发明专利，200310110442. 3.

[14] 栗海锋，等. 废糖蜜-硫酸还原浸取锰矿制备硫酸锰的方法[P]. 中国发明专利，200610036428.7.

[15] Momade F, Momade Z. Reductive leaching of manganese oxide ore in aqueous methanol-sulphuric acid medium[J]. Hydrometallurgy, 1999, 51：103.

[16] Elsherief A E. A Study of the electroleaching of manganese ore[J]. Hydrometallurgy, 2000, 55：311.

[17] Cheng zhuo, Zhu Guocai, Zhao Yuna. Study in reduction-roast leaching manganese from low-grade manganese dioxide ores using cornstalk as reductant [J]. Hydrometallurgy, 2009, 96：176.

[18] 宋旭，于钦凯，夏利江. 生物质气化技术的发展与研究[J]. 科教前沿，2010，33：57.

[19] 余逊贤. 锰[M]. 长沙：冶金工业部长沙黑色冶金矿山设计院，1980.

[20] 余植春. 软锰矿回转窑还原新工艺[J]. 有色金属（冶炼部分），1990，2：8～10.

[21] 谭立群. 硫酸锰厂新工艺的设计[J]. 中国锰业，2000，18(4):33～35.

[22] 谭永鹏，张毅. 电热式焙烧冷却炉在二氧化锰还原中的应用[J]. 中国锰业，2009，27(2):49～52.

[23] Welham N J. activation of the carbothermic reaction of manganese ore[J]. International Journal of Mineral Processing, 2002, 67：187～198.

[24] 田宗平，李建文，曹建. 新型二氧化锰还原炉的设计与应用[J]. 无机盐工业，2012，44(3):47～49.

[25] 田宗平，游先军，彭顺连，等. 二氧化锰还原焙烧炉的研究与运用[J]. 中国锰业. 2009，27(2):24～26.

[26] 王兴庆，钟军华，洪新. 超细氧化铁粉低温还原热力学研究[J]. 粉末冶金材料科学与工程，2008，13(3):150～154.

[27] 叶大伦，胡建华. 无机物热力学数据手册[M]. 北京：冶金工业出版社，2002.

[28] 陈铁军，邱冠周，朱德庆. 石煤提钒焙烧过程钒的价态变化及氧化动力学[J]. 矿冶工程，2008，28(3):64～67.

[29] 韩其勇. 冶金过程动力学[M]. 北京：冶金工业出版社，1983.

5 低品位氧化锰矿综合利用

5.1 锰矿资源伴（共）生组分的综合利用

目前，锰矿床中伴（共）生有大量可供综合利用的有益组分，然而由于经济因素，在实际生产过程中基本上未加以回收利用。根据这些伴（共）生组分的产出形式及与锰矿石的相对空间位置关系，大致可以将其分为两类：一类是矿石中的伴（共）生有益元素。这类组分多呈元素状态与主金属相伴（共）生，一般随主金属一道，经过采、选、冶等加工工序之后，被分散于产品中或损失于冶炼渣中；另一类则是锰矿床中与矿石相伴（共）生的有益组分，这类组分往往作为纯矿石的围岩，一般是在采矿或选矿过程中作为废石被丢弃。

5.1.1 锰矿石中的伴（共）生有益元素

目前在锰矿，尤其在广西氧化锰矿床中已发现多种有益伴（共）生元素。据对32个矿床进行的初步统计，其中26个矿床含有Co、Ni，有的还含有Cu、Ag、Au、Li、Ge、Zn、Ti、Re等。这些伴生金属中，有的具有综合利用价值如钴、镍、铜，已探明了相当可观的储量（个别已成为钴锰矿床），有的具有潜在的综合利用价值。

据广西各主要锰矿床所采样品分析，清楚地表明了Co、Ni、Cu的含量及其赋存、富集情况。在碳酸锰矿石中，Co的最高含量为0.0284%、Ni为0.026%、Cu为0.024%，含量较低。而在钦州佛子岭氧化锰矿石中它们的最高含量分别为Co 0.372%、Ni 0.382%、Cu 0.482%，其含量都超过原生碳酸锰矿石的一个数量级，说明它们主要富集于次生氧化锰矿石中。在氧化锰矿石中，以上泥盆统的次生氧化锰矿石含钴最富。就伴生的矿物而言，Co、Ni、Cu元素与锂硬锰矿有较密切的关系。已查明这些伴生元素赋存的状态有两种：一种是以形成钴镍的硫化物或含钴黄铁矿的单矿物出现于沉积碳酸锰矿石中；另一种是Co、Ni、Cu以类质同象或以被吸附形式富集于次生氧化锰矿石中。经试验证明，伴生于氧化锰矿床中的Co、Ni、Cu元素，可以通过选矿提取或回收，具有良好的综合利用价值。

氧化锰矿石中伴生的贵金属，主要见于钦州等锰矿区。在净矿大样中，Ag的最高含量达22.0g/t，一般含量为9.2～12.8g/t；Au的含量为0.01～0.07g/t，具有综合利用的价值。湖润矿区巡屯矿段的氧化锰矿石中也含有 Ag，含量为 3 ~ 5g/t。柳东锰矿区也含有 Ag 和 Au。

稀有金属元素，在氧化锰矿石中主要为 Li 和 Ge。钦州、柳东矿区都含有一定的 Li，钦州的七个大样中含有 Li_2O 最高达 0.32%，一般为 0.05% ~ 0.07%。全州县白水矿区矿石中平均含 Ge 达 0.1%。

上述贵金属和稀有金属元素，可能具有潜在的综合利用价值。

另外，根据研究分析，广西贫锰矿普遍含有丰富的稀有金属钪。其中以水锰矿为主的矿石平均含钪 0.0181%，以钾硬锰矿为主的矿石平均含钪 0.0099%。根据目前的价格，钪的价格是黄金的 10 倍，所以应高度重视对于钪的综合利用。

广西部分锰矿区矿石中的钴镍含量见表 5-1。

表 5-1 广西部分锰矿区矿石中钴镍含量

矿 区	矿石类型	资源总量/万吨	Co/%	Ni/%
邕宁苏圩-吴圩	氧化锰	10	0.047	
武鸣板苏	氧化锰	210	0.0138	0.029
柳州柳东	氧化锰	30	0.072	0.208
八一锰矿	氧化锰	150	0.0692	0.183
林 圩	氧化锰	38	0.0818	0.157
下 雷	氧化锰	600	0.0169	0.013
	碳酸锰	5700	0.0081	0.01
天等巴荷	氧化锰	260	0.0741	0.257
东 平	氧化锰	1600	0.0214	0.022
武宣三里	含锰灰岩	16	0.085	0.086
全州白水	含锰灰岩	65	0.029	0.082
全 州	碳酸锰	20	0.0093	0.022
平乐周塘、歧村	氧化锰	30	0.045	0.131
平乐二塘	氧化锰	250	0.041	0.135
平乐银山岭	氧化锰	200	0.033	0.233
平乐和风洞	氧化锰	30	0.026	0.156
荔 浦	氧化锰	30	0.026	0.199
贺州芳林	氧化锰	200	0.058	0.128
玉林新庄	氧化锰	160	0.063	0.378
木 圭	氧化锰	50	0.116	0.046
	含锰灰岩	1100	0.0523	0.007

矿　区	矿石类型	资源总量/万吨	Co/%	Ni/%
龙　头	碳酸锰	760	0.025	0.004
	氧化锰	10	0.0157	0.014
同　德	氧化锰（化工）	40	0.0257	0.062
	氧化锰（松软）		0.025	0.057
钦州大垌-华荣	氧化锰	2800	0.07	0.104
防城大塘-平旺	氧化锰	30	0.0724	0.096
	含锰铁矿		0.021	0.035

5.1.2　钴、镍、铜元素的赋存状态

5.1.2.1　钴、镍、铜元素富集的矿石类型

经统计，各类锰矿石中 Co、Ni、Cu 的含量见表 5-2，表中数据清楚地表明这些元素主要富集于次生氧化锰矿石中。广西壮族自治区 31 个次生氧化锰矿床 Co 的平均含量达 0.066%，Ni 为 0.124%。个别矿床的含量更高，如大垌矿区含 Co 达 0.104%，实际上它是作为钴锰矿床进行评价的。其他如柳东、白水、土湖、钦州及防城等地矿区的次生氧化锰矿石，皆有较高含量的 Co、Ni 等伴生成分，一般都具有综合利用价值。而碳酸锰矿石 Co、Ni 含量是最低的。广西现有五个碳酸锰矿床平均含 Co 0.0162%、Ni 0.014%、Cu 0.0175%，比次生氧化锰矿石的含量低得多。

表 5-2　各类锰矿石中钴、镍、铜的含量　　　　（%）

矿石类型	矿床数量	Co			Ni			Cu		
		范围	一般	平均	范围	一般	平均	范围	一般	平均
碳酸锰	5	0.0081 ~ 0.0284	0.009 ~ 0.019	0.0162	0.004 ~ 0.026	0.004 ~ 0.02	0.014	0.012 ~ 0.024	0.012 ~ 0.019	0.0175
含锰灰岩	1		0.025			0.07			0.014	
次生氧化锰	31	0.0169 ~ 0.372	0.05 ~ 0.085	0.0660	0.014 ~ 0.382	0.09 ~ 0.105	0.1242	0.001 ~ 0.482	0.07 ~ 0.15	0.095
铁锰矿	3	0.0142 ~ 0.0503		0.0268	0.003 ~ 0.124		0.044		0.013	
锰　土	1		0.1002			0.070				
含锰铁矿	7	0.021 ~ 0.0911	0.03	0.0378	0.035 ~ 0.071		0.427	0.012 ~ 0.107	0.386	0.05

5.1.2.2 碳酸锰矿石中的含钴、镍的主要矿物

在原生的碳酸锰矿床中，Co、Ni 元素主要呈硫化物形式产出，如钴黄铁矿、硫镍钴矿、辉砷钴矿、方硫铁镍矿、针镍矿和硫钴矿等。

（1）钴黄铁矿（Cobalt Pyrite）。钴黄铁矿见于龙头、下雷及下田矿区的碳酸锰矿石中，为主要含钴矿物。龙头所见含钴黄铁矿呈自形晶五角十二面体及立方体，其边缘具明显的玫瑰色调（这是钴黄铁矿区别于其他不含钴或含钴量很低的黄铁矿的特征），晶粒大小为 0.01~0.1mm，矿物含 Co 1.86%~4.04%，锰矿石平均含 Co 0.021%、Ni 0.014%。下雷矿区的钴黄铁矿含量较少，它常沿菱锰矿豆粒边缘零星嵌布，同辉钴矿、方硫镍钴矿共生。下田所见钴黄铁矿产于碳酸锰矿石中，平均含 Co 0.024%~0.036%、Ni 0.002%~0.007%。钴黄铁矿矿物化学成分见表 5-3。

表 5-3 钴黄铁矿化学成分　　　　　　　　　　（%）

地　区	Fe	Ni	Co	Cu	S	As	总　计
下雷 I 矿层[①]	37.88	0.62	6.74		47.23	2.56	95.13
龙　头			1.86~4.04				
下　田			10.12~12.54				

①下雷样品为电子探针分析。

（2）硫镍钴矿（Siegenite）。硫镍钴矿化学分子式为 $(Ni, Co)_3S_4$，$(Co:Ni = 1:1)$，在下雷、龙头和下田矿区的碳酸锰矿石中皆有发现。下雷主要见于 II、III 矿层，矿物成半自形晶、他形晶粒状，少数呈自形晶板状，粒度 0.01~0.035mm；镜下反射色淡红色（与黄铁矿比），反射率介于黄铁矿和黄铜矿之间，均质体。矿物以单晶点状与针镍矿、黄铁矿连生分布于脉石中。龙头矿区的硫镍钴矿仅见于 III 矿层，含量较少，矿物呈细粒浸染状分布，与钴黄铁矿伴生；镜下反射色比黄铁矿具明显的玫瑰色，反射率 ±40%，均质体，粒度 0.02~0.06mm。硫镍钴矿是碳酸锰矿石中主要的含钴镍矿物，分布广、含量高，应当是锰矿石综合利用的主要对象。该矿物化学成分见表 5-4。

表 5-4 硫镍钴矿化学成分　　　　　　　　　　（%）

地　区	Fe	Ni	Co	Cu	S	As	总　计
下雷 II 矿层	1.60	31.90	23.80		36.80		91.40
下雷 III-21	2.697	22.78	30.27		42.045		97.79
下雷 III-53	13.83	25.41	16.41		42.32		98.14
龙　头		35.14	20.23				55.37
下　田		13.88	38.59	2.95	42.63		98.05

（3）辉砷钴矿（Cobaltite）。辉砷钴矿曾用名辉钴矿。化学分子式 CoAsS，常有部分 Co 被 Fe 取代，故分子式也可写成（Co、Fe）AsS，也含有少量的 Ni。矿物主要见于下雷的 Ⅰ、Ⅱ 矿层；多成自形晶、半自形晶粒状，也有成骸晶出现；粒度为 0.05~0.02mm；镜下反射色白带淡紫色调，均质或弱非均质，反射率近于黄铁矿。有的辉砷钴矿呈菱形环带状嵌布在方硫镍钴矿或钴黄铁矿周围，环带宽度一般 0.073~0.0148mm；有的则零星嵌布在碳酸锰矿物中，或成单晶状和其他矿物成连晶分布。该矿物化学成分见表 5-5。

表 5-5   辉砷钴矿化学成分   （%）

地　区	Fe	Ni	Co	Cu	As	S	总　计
	2.39	1.14	24.47		41.45	14.41	83.86
下雷Ⅰ矿层	1.90	2.36	29.61		40.03	22.85	96.75
	3.34	3.52	28.96		38.28	23.49	97.59
下雷Ⅱ矿层	约1	约10	20~30		29~35	10~15	
	5.08	1.94	29.82		43.34	20.43	100.61

（4）方硫铁镍矿（Bravoite）。方硫铁镍矿化学分子式（Fe、Ni）S_2，曾名硫铁镍矿，别名铁-方硫镍矿（Fe-Vaesite），并含有一定数量的 Co，实际为 FeS_2-NiS_2-CoS_2 完全固溶体系列。目前只微量见于下雷 Ⅰ 矿层中，由于含 Co 量较高，Co∶Ni 近 1∶1，可定为方硫钴镍矿或方硫镍钴矿；矿物多呈自形、半自形或粒状晶，粒径为 0.003~0.081mm±；镜下反射色黄色，均质体，无双反射，矿物零星嵌布或与黄铁矿、辉钴矿等共生嵌在碳酸锰矿物中；与其共生的矿物有黄铜矿、磁黄铁矿、方铅矿、闪锌矿等。该矿物化学成分见表 5-6。

表 5-6   方硫铁镍矿化学成分   （%）

矿　层	Fe	Ni	Co	As	S	总　计	备　注
	10.74	21.49	26.48	0.44	36.69	95.84	
	3.83	24.06	29.03	0.07	42.29	99.28	
	10.11	21.33	25.65	0.74	40.62	98.45	
下雷Ⅰ矿层	11.13	20.21	24.28	—	42.01	97.63	
	9.28	27.88	20.78	0.37	42.29	100.06	
	14.13	27.08	12.01	0.06	32.73	86.01	Co、S 偏低
	9.79	22.57	22.17	—	38.60	93.13	
下雷Ⅱ矿层	24.20	35.93	2.88		31.24	94.25	

（5）针镍矿（Millerite）。针镍矿化学分子式：NiS，常有 Co 和 Fe 呈类质同象混入，矿物成半自形、他形晶粒和微细脉状，粒度在 0.008～0.02mm 之间，集合体粒度在 0.05mm±；镜下反射色淡黄至乳黄色，强非均质，偏光色蓝至黄色。该矿物主要见于下雷Ⅱ矿层，矿物呈单晶和细粒集合体星点状分布于矿石中，有时也呈细脉状交代硫镍钴矿颗粒。该单矿物化学成分见表5-7。

表5-7 针镍矿化学成分 （%）

矿 层	Ni	S	Co	Fe	总 计
下雷Ⅱ矿层	58.70	34.90	3.90	0.5	98.0

（6）硫钴矿（Linnaeite）。硫钴矿化学分子式：$CoCo_2S_4$ 或（Co>0.5，Ni<0.5）（Co>0.5，Ni<0.5）$_2S_4$。Co 和 Ni 成类质同象，但 Co>Ni，并常含有 Fe 和 Cu；见于下雷Ⅱ矿层，矿物含量微；呈半自形-他形粒状，一般粒度较小，细者多小于10μm、中等者10～20μm、个别达30～40μm。硫钴矿矿物可单独存在于碳酸盐中，也可与硫镍钴矿及黄铜矿、闪锌矿共生嵌布于菱铁矿、钙菱锰矿中。该矿物化学成分见表5-8。

表5-8 硫钴矿化学成分 （%）

矿 层	S	Co	Ni	Fe	总 计
下雷Ⅱ矿层	39.94	39.16	7.24	2.66	89.01

5.1.2.3 氧化锰矿石中钴、镍、铜的赋存状态

（1）钴、镍、铜伴生元素主要富集于由晚泥盆世碳酸锰矿层或含锰灰岩系形成的次生氧化锰矿石中。根据在广西壮族自治区 7 个含锰地层形成的 34 个次生氧化锰矿床中采取的样品统计，说明了钴、镍、铜元素主要富集于晚泥盆世含锰层形成的次生氧化锰矿石中，其平均含量为 Co 0.089%、Ni 0.127%、Cu 0.1196%，都超过了下石炭统、下二叠统形成的次生氧化锰矿石中的含量，它甚至可以为形成具有工业价值的钴锰矿床，如大洞、吴圩锰矿区等。这些元素的富集与原来沉积的碳酸锰矿石中的含量有关，如下雷、龙头的原生碳酸锰矿石中不仅富含 Co、Ni、Cu，而且还有钴、镍的硫化物出现。但也可能有一部分 Co、Ni 来自锰矿层的上下围岩。据钦州大塘矿区 19 号钻孔于 118m 处发现碳质页岩中含 Co 0.026%、Ni 0.083%，其风化后被溶离出来，后又被氧化锰吸附了。

（2）钴、镍、铜伴生元素主要赋存于锂硬锰矿中。对钦州、柳东、木圭等 15 个矿区（点）共 120 个样品进行鉴定分析，结果见表5-9。在表5-9中的各锰

矿物中，以锂硬锰矿的 Co、Ni、Cu 的含量最高，平均含量为 Co 0.37%、Ni 0.67%、Cu 0.618%，为其他矿物中含量的数倍至十数倍；其次是锰钾矿的含量，平均含量为 Co 0.059%、Ni 0.091%；再次为恩苏塔矿，平均含量为 Co 0.045%、Ni 0.218%；其他的偏锰酸矿、软锰矿及锰土中的含量都较低。当然也有个别例外，如马山林圩、天等巴荷等的锰土中 Co、Ni 元素含量可达 0.1% 以上。

表 5-9　广西各种次生氧化锰矿伴生钴、镍、铜元素含量统计　　　　（%）

锰矿物	样品数	Co		Ni		Cu		备　注
		含量范围	平均	含量范围	平均	含量范围	平均	
锂硬锰矿	48	0.01 ~ 2.15	0.370	0.37 ~ 2.53	0.67	0.047 ~ 2.30	0.618	
锰钾矿	28	0.003 ~ 0.200	0.0590	0.005 ~ 4.01	0.091	0.01 ~ 1.00	0.085	
软锰矿	14	0.001 ~ 0.060	0.016	0.001 ~ 0.102	0.031	0.01 ~ 0.038	0.018	
锰土[①]	15	0.0024 ~ 0.1573	0.0292	0.002 ~ 0.467	0.097	0.010 ~ 0.132	0.055	夹少量锂硬锰矿
偏锰酸矿	7	0.009 ~ 0.066	0.028	0.002 ~ 0.290	0.070	0.009 ~ 0.192	0.043	
恩苏塔矿	7	0.028 ~ 0.087	0.045	0.033 ~ 0.300	0.218	0.025 ~ 0.055	0.051	
钠水盐矿	1	—	0.010	—	0.040			

注：据桂林矿产地质研究院，广西 273 地质队资料，1974.8。

① 指 X 射线粉晶质的氧化锰及泥质矿物的混合物。

据对钦州锰矿四个大样进行的矿物元素平均分配统计，结果见表 5-10。它清楚地说明了锰矿石中有 36.2% ~ 89.0% 的 Co 和 48.0% ~ 92.7% 的 Ni 是赋存在锂硬锰矿中。据钦州屯笔矿区蛇岭锰铁矿钴镍含量变化情况，表明了锰矿石中 Co、Ni、Cu 三元素密切共生、彼此间呈消长关系，它们的含量高低与锰矿石中锰品位的高低无关，而与该矿石中锂硬锰矿的多少有密切关系，即 Co、Ni、Cu 含量的高低与锂硬锰矿含量的多少成消长关系。但这些伴生元素的含量却与矿石中铁的含量成反比。据多年来对次生氧化锰矿石的鉴定和研究，在广西的氧化锰矿中尚未发现伴生有钴、镍的独立的单矿物，所以锂硬锰矿应是次生氧化锰矿石中主要的含 Co、Ni、Cu 等元素的矿物。

通过对钦州矿区大量的锂硬锰矿的电子探针分析，Co、Ni、Cu 元素在不同的结晶程度的锂硬锰矿中的含量是不同的，但其含量多少变化与锂硬锰矿的结晶程度无明显关系（见表 5-11）。同时，在同一类型的锂硬锰矿的极微小区域内，Co、Ni、Cu 含量的变化也很大。

表 5-10 钦州锰矿四个大样钴、镍元素的分布 （%）

矿 物			锂硬锰矿	锰钾矿及软锰矿	褐铁矿及其他矿物	小计	原矿	相对误差
B 号大样	矿物含量		15	75	10	100		
	矿物含钴		0.75	0.10	0.01			
	矿物含镍		1.20	0.16	0.02			
	金属量	Co	0.113	0.075	0.001	0.189	0.211	10.5
		Ni	0.180	0.120	0.002	0.302	0.274	10.2
	配 率	Co	59.9	39.6	0.5	100		
		Ni	59.7	39.8	0.5	100		
C 号大样	矿物含量		62	36	2	100		
	矿物含钴		0.30	0.065	0.02			
	矿物含镍		1.50	0.20	0.040			
	金属量	Co	0.186	0.023	0.0001	0.209	0.198	5.5
		Ni	0.93	0.072	0.001	1.03	1.005	2
	配 率	Co	89.0	10.8	0.2	100		
		Ni	92.7	7.2	0.1	100		
D 号大样	矿物含量		23	4.1	36	100		
	矿物含钴		1.00	0.15	0.02			
	矿物含镍		0.90	0.20	0.04			
	金属量	Co	0.23	0.062	0.007	0.299	0.318	6
		Ni	0.207	0.082	0.014	0.303	0.327	3.4
	配 率	Co	77.0	21.0	2.0	100		
		Ni	68.5	27.0	4.5	100		
E 号大样	矿物含量		10	55	35	100		
	矿物含钴		0.334	0.09	0.02			
	矿物含镍		0.94	0.16	0.04			
	金属量	Co	0.033	0.05	0.007	0.09	0.105	14.3
		Ni	0.094	0.088	0.014	0.196	0.183	7.1
	配 率	Co	36.6	55.6	7.8	100		
		Ni	48.0	45.0	7.0	100		

表 5-11 钦州锰矿结晶程度不同的锂硬锰矿钴镍铜电子探针分析成果

结晶程度	样品数/个	Mn/%		Co/%		Ni/%		Cu/%	
		含量范围	平均	含量范围	平均	含量范围	平均	含量范围	平均
粗晶	8	25.34 ~ 35.02	31.6	0.01 ~ 2.15	0.706	0.21 ~ 1.49	0.873	0.30 ~ 1.68	1.059
细晶	5	31.57 ~ 36.31	32.9	0.13 ~ 1.29	0.530	0.44 ~ 1.10	0.890	0.41 ~ 1.83	1.196
隐晶	4	27.51 ~ 35.14	31.3	0.02 ~ 0.96	0.653	0.95 ~ 2.53	1.632	0.78 ~ 1.14	0.994
脉状	3	27.42 ~ 33.84	31.3	0.02 ~ 1.59	0.730	1.01 ~ 1.51	1.220	1.15 ~ 1.25	1.203
合计	20	25.34 ~ 36.31	31.8	0.01 ~ 2.15	0.655	0.21 ~ 2.53	1.081	0.30 ~ 1.83	1.101

据清华大学核能与新能源技术研究院对锂硬锰矿所做的各种酸溶性试验、差热分析、X 射线粉晶分析等多种研究结果，认为：Co、Ni、Cu 元素在锂硬锰矿中的赋存状态不是呈一般的类质同象存在，而是呈一种特殊的形式存在于锂硬锰矿的八面体层的晶体结构中，或是以一种特殊的类质同象形式进入单位晶胞 $[2(Al、Li)MnO_2(OH)_2]$ 中，结合很紧密。

5.1.3 钴、镍、铜元素在锰矿床氧化带的分布富集规律

原生锰矿层或原生含锰岩系在表生条件下，由于风化作用的影响，介质的氧化电位增高，低价锰的化合物即被氧化成高价锰，这种由 $Mn^{2+} \rightarrow Mn^{3+} \rightarrow Mn^{4+}$ 的价态转化直接影响了锰的运移和沉淀作用，而形成的新的锰矿物就随着这种运移、沉淀的序列常常显示出次生锰矿物在矿床氧化带的分布规律，即分带性，如次生氧化锰矿床的垂直分带。在氧化带中 Co、Ni、Cu 元素与锰离子一样被氧化、溶解和运移，当介质变成碱性时，它们同锰一起沉淀形成氧化物或含水硅酸盐矿物或替代锰离子占据晶格位置含于锰矿物中。结果，也随着锰的价态变化形成的矿物带也相应地形成了风化壳元素的分带性，即 Co、Ni、Cu 的含量随着这种分带特点而变化。例如，钦州佛子岭矿区不同矿石类型钴的含量变化为：层状锰帽-淋滤锰矿含钴为 0.328%，堆积矿（以锰钾矿、锂硬锰矿为主）含钴为 0.386%，到裂隙淋滤矿（以锂硬锰矿为主）时，钴含量为 0.554%。钴的含量是堆积型比锰帽淋积矿富，而含矿层附近的裂隙淋滤矿比堆积矿更富。这是由于钴的地球化学性质决定的。钴虽与锰相伴生，但在表生作用下，钴相对具有较大的活动性，所以它在经过多次风化作用的、氧化过程较长的、矿液迁移较远的部位或形成的锰矿物中更相对地富集。钴主要赋存于锂硬锰矿中的原因之一，就是

因为锂硬锰矿的形成过程要求氧和水溶液比形成一般的氧化锰矿物时更为丰富，并经一定距离的搬运后，在氧化较为充分的条件下才能完成，即锂硬锰矿物的形成是在氧化进程中锰矿物生成序列的末尾，其顺序为褐锰矿（或钠水锰矿）→偏锰酸矿→锰钾矿→软锰矿→锂硬锰矿（见表 5-12）。这可在矿石中常见到锂硬锰矿穿切其他锰矿物的现象得到证实。柳东锰矿床氧化带中锰矿物的分布及 Co、Ni 含量变化就明显地具有这种分带的特征，由近而远，由褐锰矿到锂硬锰矿，Co、Ni 元素的含量越来越富。

5.1.4 氧化锰矿伴生元素综合利用

对氧化锰矿石中伴生的 Co、Ni、Cu 及 Sc 等元素综合利用的试验研究已做了大量的工作，并已取得了成果，见表 5-12。从目前资料看，这些伴生元素组分都具有较好的可利用性能，因此综合回收利用是可能的，前景是明朗的。

表 5-12 柳东锰矿床氧化带矿物分带特征

特征类型	分带	距原生含锰层由近到远				
		原生带	氧化带下部	氧化带上部	山坡堆积	裂隙淋滤
元素含量	Co/%	0.007 ~ 0.013	0.025 ~ 0.039	0.013	0.037	0.106
	Ni/%	0.041 ~ 0.072	0.11 ~ 0.20	0.10	0.025	0.33
矿石构造类型		锰层状或扁豆状	多孔状、锰层状	松软块状、葡萄状	碎块状	致密块状
矿物成分		褐锰矿或钠水锰矿	钠水锰矿	偏锰酸矿、锰钾矿	思苏塔矿、锂硬锰矿	锂硬锰矿、锰钾矿

氧化锰矿伴生元素综合回收利用可采取以下几种方法：

（1）焙烧—磁选法。大洞的钴锰矿经选矿试验，对矿石含 Co 0.136%、Mn 25.55% 的净矿石（即原矿石经简单水选筛选后获得的矿石）采用"净矿添加少量食盐和焦炭焙烧—磁选"方法选矿。可获得含钴 1.48% 的混合钴精矿和含锰 25.47% 的烧结锰精矿，回收率分别为 86.83% 和 76.80%，并且矿石中含微量的 Cu（0.271%）和 Ni（0.147%），在钴精矿中分别达到 2.084% 和 1.453%，其回收率为 Cu 61.21%、Ni 78.54%，回收率很高，可选性良好。

（2）离子浮选法。钦州矿区经对含 Mn 27.63%、Fe 19.32%、Co 0.063%、Ni 0.102%、Cu 0.101% 的净矿采用"离子浮选法"（先用净矿还原焙烧，二氧化硫浸出，后将浸出液采用离子浮选综合回收 Co、Ni、Cu）获得氧化钴粉（含钴 76.63%，其中含镍 1.17%，回收率 93.52%）、铜精矿（含铜 24.01%，回收率 83.28%）、粗硫酸镍液（含 Ni 5g/L，回收率 82.72%）。离子浮选尾液经过氧化中和及除去铁、铝、硅，硫酸锰溶液经过结晶和分解可得优质冶金锰，优质冶金锰经过硫酸处理即可获得晶型为 γ 型的电池锰粉（见表 5-13）。试验结果证明，此一选矿流程在技术上是可行的，在经济上是比较合理的，它具有选别性好、技术指标高、试验流程和药剂配制简单、综合回收效果较好的优点，开辟了贫锰矿综合回收钴、镍、铜和制备优质锰、电池锰的新途径。

表 5-13   钦州锰矿离子浮选法选矿试验结果   （％）

品　种	品　位					回　收　率			
	Mn	TFe	Co	Ni	Cu	Mn	Co	Ni	Cu
净　矿	27.63	19.32	0.063	0.162	0.101	95.90	39.52	82.72	83.28
产　品	冶金锰	氧化钴粉	粗硫酸镍	铜精矿					
	70.51	0.016	70.63,其中含镍 1.17	5g/L	24.01				

（3）酸解—萃取法。贫氧化锰矿石经还原焙烧、硫酸分解后，制得含 Co、Ni、Sc 的硫酸锰溶液，首先采用有机相萃取并进而制得粗钪，然后再从余液中回收 Co、Ni，最后的净液用于制备锰盐。据报道，广西冶金研究院曾经作过此类小试，获得的粗钪产品含 Sc_2O_3 96.75％，回收率 74％ ~ 75.6％；制备的碳酸锰产品含锰 3.73％，锰回收率为 90％。

以上三例说明了氧化锰矿相伴生的 Co、Ni、Cu 元素的综合回收利用是可能的，并且有经济效益，值得开采和利用单位的重视，应尽快展开深入研究并推广使用。

（4）硫化—沉积法。将矿石用硫酸分解后，绝大多数伴生组分转入溶液，采用可溶性硫化物置换，则 Co、Ni、Sc、Cu 等元素便以硫化物形式沉淀出来，作为精矿加以回收利用，或进一步通过酸解等作业工序，进行深加工。

（5）生物质还原—酸浸—硫化物沉淀法。针对氧化锰矿中的钴镍元素，清华大学进行了生物质还原—酸浸—硫化物沉淀法回收钴镍的试验研究，得到了满意的研究结果。

5.2   生物质还原回收镍钴的工艺

目前镍钴的富集方法很多[1~11]。目前针对氧化锰矿的镍钴回收主要是回收电解锰生产过程中产生的硫化残渣中镍钴的现实[12]，提出了从酸浸、氧化除铁和净化除杂三方面改进金属锰厂的生产流程，将氧化锰矿中的 Ni、Co 一次性完全沉淀，使其有效富集。首先对浸取工艺进行了研究，主要试验了硫酸量、浸取温度以及浸取时间对镍钴浸取率的影响，找到最优的浸取条件；然后以 NH_4HCO_3 代替氨水以减少铁渣对镍钴的吸附；最后以 SDD 为沉淀剂一次性将 Ni、Co 完全沉淀使其得以富集，并着重从 SDD 加入量、酸度入手，讨论有效富集 Ni、Co 的条件。目前电解金属锰厂的工艺流程和改进后还原锰矿回收钴镍的工艺流程分别如图 5-1 和图 5-2 所示。

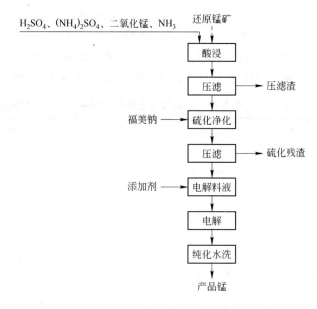

图 5-1 目前电解金属锰厂的工艺流程

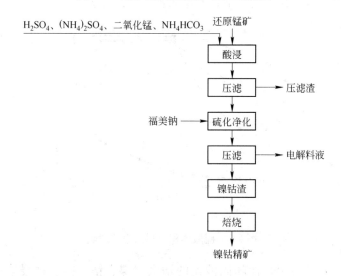

图 5-2 改进后还原锰矿回收钴镍的工艺流程

5.2.1 试验及原料

广西来宾低品位氧化锰矿经过 20% 生物质 500℃ 还原焙烧 30min 后，隔绝空气冷却至室温，其成分分析见表 5-14。其中 Co 和 Ni 元素分别为 0.027% 和

0.16%，渣中锰含量为18.82%、铁含量为12.72%，主要以MnO和Fe₃O₄形式
存在，矿中还含有一定量的Ca、Si、Al₂O₃和MgO等，以及微量Cu、Zn、Pb。
用球磨机将矿石粉碎后研磨、筛分，使矿物粒径保持在50~300μm之间。先加
入一定体积1mol/L硫酸溶液的烧杯里，一定温度下搅拌浸取，一定时间后过滤
去除不溶硫酸的杂质，用分光光度法测定镍钴浓度，计算镍钴浸出率。

表5-14   压滤渣多元素分析结果   （%，质量分数）

元 素	Co	Ni	Mn	Fe	Al	Si	Ca	Mg	Cu	Pb	Zn
含 量	0.027	0.16	18.82	12.72	4.22	14.64	1.20	0.30	0.040	0.018	0.070

5.2.2   试验结果

5.2.2.1   酸浸实验

A   硫酸量对钴镍浸出率的影响

氧化锰矿质量为10g，硫酸浓度1mol/L，浸出温度100℃，浸出时间20min，
不同液固比对钴镍浸出率的影响试验结果如图5-3所示。

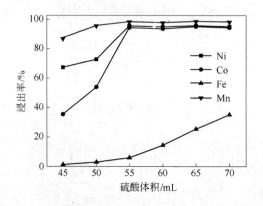

图5-3   硫酸体积对浸出率的影响

由图5-3可以看出，伴随固液比的增大，镍、钴、锰和铁浸取率都相应增
大。硫酸体积在55mL以下时，镍、钴、锰浸出率小于90%，这是由于酸量较
少，镍、钴、锰没有完全溶解形成镍、钴、锰盐，铁几乎没有浸出。当硫酸体积
达到55mL时，镍、钴、锰浸出率均达到94%以上，铁浸出率为5.87%。继续增
大硫酸浓度，镍、钴、锰浸出率提高不大，但铁浸出率显著提高。因此，为了在
不影响镍、钴、锰的浸出率的前提下控制铁的浸出，选用硫酸体积为55mL作为
浸取的最佳条件。

B 浸出温度对钴镍浸出率的影响

控制氧化锰矿质量为 10g，硫酸浓度 1mol/L，浸出时间 20min，硫酸体积为 55mL，考察不同的浸出温度对钴镍浸出率的影响，其试验结果如图 5-4 所示。

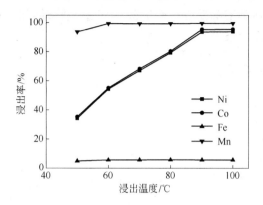

图 5-4 浸出温度对浸出率的影响

由图 5-4 可见，浸出温度对 Ni、Co 的浸出率影响较大，对 Mn 和 Fe 浸出率的影响较小。在 50℃以下，只有 50%以下的 Ni 和 Co 被酸浸出。当浸出温度大于 50℃时，浸出率有显著增加。浸出温度从 50℃增加到 90℃时，Ni、Co 浸出率从 32.32%和 33.3%增加到 93.42%和 95.25%。但如果继续增大浸出温度到 100℃，得到的浸出率几乎和浸出温度为 90℃下浸出率相同，而 Mn 和 Fe 在 60℃几乎都最大限度地被浸出。所以控制浸出温度为 90℃。

C 浸出时间对钴镍浸出率的影响

控制氧化锰矿质量为 10g，硫酸浓度 1mol/L，浸出温度为 90℃，硫酸体积为 55mL，考察不同的浸出时间对钴镍浸出率的影响，其试验结果如图 5-5 所示。

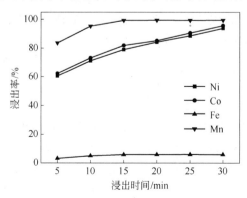

图 5-5 浸出时间对浸出率的影响

由图 5-5 可见，浸出时间对 Mn 和 Fe 浸出率的影响较小，在 15min 内就几乎被最大限度地浸出。Ni 和 Co 浸出率随浸出时间的增加而增大，递增曲线呈抛物线，分为快速增加阶段和缓慢增加阶段，浸出过程前 10min 为快速增加阶段，浸出率随时间几乎呈直线增大，此后递增速度逐渐减慢，到 30min 后，浸出率增大幅度非常小，几乎达到溶解反应平衡状态。因此，从节能和效率角度考虑，反应时间 30min 为最优反应条件。

5.2.2.2　除铁过程

A　中和剂对沉铁的影响

取 5 份相同的酸浸液，加入 0.1g MnO_2，60℃下将 Fe^{2+} 氧化成 Fe^{3+}，分别加入 NH_3、Na_2CO_3、CaO、$MnCO_3$、NH_4HCO_3 溶液调节 pH 值至 4.0。在其他实验条件相同的条件下，考察碱的种类对铁的沉淀率和钴镍锰的损失率的影响，试验结果见表 5-15。

表 5-15　中和剂种类对沉铁和钴镍锰的损失率的影响　　（％）

沉淀剂	NH_3	CaO	Na_2CO_3	$MnCO_3$	NH_4HCO_3
Ni	25.12	28.21	10.34	10.31	9.01
Co	13.14	14.84	6.21	7.63	6.02
Fe	98.35	97.78	98.12	97.89	97.23
Mn	0.12	0.21	0.16	0.15	0.22

中和剂的种类对沉铁率和锰的损失率的影响不大，但对钴镍的损失率影响较大。其中以 NH_3、CaO 为中和剂由于吸附或局部过饱和而造成钴、镍损失率最大，而以 Na_2CO_3、$MnCO_3$、NH_4HCO_3 为中和剂时，钴镍的损失率大大降低。但是以 Na_2CO_3 为中和剂时钠离子的加入会造成硫酸钠在电解锰体系循环，碳酸锰粉价格较高，综合考虑选用 NH_4HCO_3 为中和剂。

B　酸度对沉铁的影响

取 10 份相同的酸浸液，加入 0.1g MnO_2，60℃下将 Fe^{2+} 氧化成 Fe^{3+}，将饱和 NH_4HCO_3 溶液调节至不同的 pH 值。在其他实验条件相同的条件下，试验 pH 值对铁的沉淀率和钴镍锰的损失率的影响，结果如图 5-6 所示。

酸度对镍、钴、锰和铁的沉淀行为的影响如图 5-6 所示。当 pH 值在 3 以下时，几乎没有沉淀产生；当 pH 值达到 3 时，Fe 大量沉淀，沉淀率达到 98.50%，并且由于氢氧化铁沉淀的吸附，Ni、Go 也有少量损失，损失率在 5% 左右，Mn

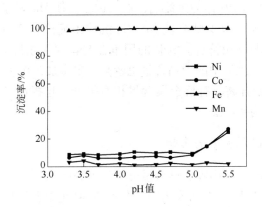

图 5-6　pH 值对钴镍损失率的影响

几乎没有沉淀；当 pH 值增大到 4.2，Fe 几乎完全沉淀，Ni、Co 也有少量损失，损失率在 5% 左右，Ni、Co、Mn 损失率变化不大；在 pH 值大于 5.0 时，Ni、Co 的沉淀率随着 pH 值的增大也越来越高。因此可选择在 pH 值为 4.2~5.0 时沉淀，Fe，Mn 几乎没有沉淀，Ni、Co 损失率也在 5% 左右。

5.2.2.3　镍钴富集

A　沉淀剂 SDD 加入量对钴镍沉淀率的影响

取除铁液 500mL，其中镍钴含量分别为 1.30×10^{-1} g/L 和 4.15×10^{-2} g/L，按与钴镍不同摩尔比加入 SDD，在 pH 值为 4.5 时试验钴镍沉淀率和品位的影响。表 5-16 列出了随 SDD 加入量的不同母液及沉淀中 Ni、Co 的沉淀率和在沉淀中的分布情况。

表 5-16　沉淀剂 SDD 加入量对沉淀结果的影响　　　　（%）

项　目		$n_{SDD} : (n_{Ni} + n_{Co})$					
		1:1	2:1	3:1	4:1	5:1	6:1
沉淀率	Ni	15.36	57.39	84.27	95.25	94.92	94.78
	Co	32.43	69.35	90.25	93.36	94.23	93.25
沉淀中 Ni、Co、Mn 元素含量	Ni	13.26	13.12	12.83	11.56	9.23	7.76
	Co	2.66	2.55	2.24	2.16	1.88	1.42
	Mn	5.53	6.02	7.14	8.13	10.26	12.34

由表 5-16 可知，SDD 作为沉淀剂，加入过多会使 Mn 等金属也大量沉淀，达不到分离目的，而加入太少则会使 Ni、Co 沉淀不完全，使有价金属白白损失。结果与理论的沉淀顺序相符合。SDD 的用量在与钴镍摩尔比为 4 : 1 时，Ni、Co 均已完全沉淀，而且沉淀中的镍钴含量也较高。更多加入沉淀剂，会影响沉淀的质量，使 Mn 的含量升高，有价金属含量相对降低，且提高了成本。因此，SDD 与钴镍最佳摩尔比为 4 : 1。

B　酸度对钴镍沉淀率的影响

取除铁液 500mL，其中镍、钴含量分别为 1.30×10^{-1} g/L 和 4.15×10^{-2} g/L，按与钴、镍的摩尔比为 4 : 1 加入 SDD，在不同 pH 值试验酸度对钴镍沉淀率和品位的影响。表 5-17 列出了随 SDD 加入量的不同母液及沉淀中 Ni、Co 的沉淀率和在沉淀中的分布情况。

表 5-17　酸度对沉淀结果的影响　　　　　　　　　　　　　（%）

项　目		pH 值					
		3	3.5	4	4.5	5	5.5
沉淀率	Ni	83.79	84.12	89.53	92.16	94.54	94.78
	Co	80.52	83.86	86.73	90.14	93.61	94.19
沉淀中 Ni、Co、Mn 元素含量	Ni	11.46	11.25	11.78	11.32	11.63	11.57
	Co	2.18	2.21	2.15	2.38	2.77	2.75
	Mn	8.16	7.92	7.84	8.13	8.21	8.14

SDD 性质不太稳定，在酸性溶液中容易分解，导致沉淀剂损失，使沉淀不完全，因此 pH 值的大小直接影响着沉淀率和沉淀质量，见表 5-17。随 pH 值的提高，镍、钴的沉淀率均有所增加。pH 值为 5 时，Ni、Co 均可沉淀完全，此时滤液中重金属的含量很低可以直接进行金属锰的电解。

总之经生物质还原焙烧后的氧化锰矿，可以通过硫酸浸出将矿中的微量镍、钴元素提取出来，最佳浸出条件是液固比为 5.5 : 1，浸出温度为 90℃，浸出时间为 30min，镍、钴的浸出率分别为 94.45%、98.56%。以二氧化锰为氧化剂，以 $(NH_4)_2CO_3$ 代替氨水作为中和剂脱铁，可以减少铁渣吸附镍钴离子，增加镍、钴回收率。沉淀最佳 pH 值为 4.2~5，镍、钴的损失率为 10% 以下。以 SDD 沉淀法从氧化锰矿的酸浸液中富集有价元素 Ni、Co 的同时，可以有效地与杂质元素分离，特别是 Mn 元素的有效分离，就使得此沉淀可以作为中间产品并入传统冶炼体系。沉淀最佳条件为 SDD 与钴、镍最佳摩尔比为 4 : 1，pH 值为 5.0，镍、钴的总回收率分别为 80% 和 83%，品位为 12.13%、3.23%。浓硫酸可将此产品完全溶解，得到很高浓度的镍钴溶液，且杂质含量很少，利用溶剂萃取就可以分离得到高纯的镍钴产品。

5.3 堆积型氧化锰矿围岩中有益组分的综合利用

广西地处亚热带，气候湿热，化学风化作用十分活跃。不同时代的原生碳酸锰矿层或含锰灰岩在晚近时期的表生条件下，形成了一层含锰风化壳。

根据前人的资料，含锰风化壳可分为三个带，自上而下依次为红土化带、基岩风化带及基岩半风化带。由风化作用形成的堆积型氧化锰矿体主要赋存于红土化带中。

红土化带中除产出氧化锰矿石外，还产出有其他一些具有综合利用价值的伴（共）生矿产资源（简称围岩资源）。但在以往的锰矿资源勘探评价阶段，这类伴（共）生的围岩资源并未引起人们的重视，因而也就未曾对其进行综合评价。这类资源中除含有低品位锰之外，主要有高岭土和微量元素。若单一地考虑回收其中的某种组分，经济上自然不划算，但若从综合利用的角度考虑，其利用价值及前景将会另当别论。

红土化带是含锰风化壳发育到成熟阶段的最上部一个带，一般为厚度变化较大的残积红土层，含锰岩系的岩石结构、结构已彻底破坏，母岩的化学成分和矿物成分均发生了重大改变，演变成了在表生条件下稳定的新的元素组合和矿物组合。

红土化带的化学组成比较简单，主要化学成分有 SiO_2、Al_2O_3、MnO_2 和 Fe_2O_3 等四种（见表 5-18 ~ 表 5-20），且此四种化学成分的含量在红土化带各分层中的变化不大。

表 5-18 平乐锰矿区二塘矿段-采坑红土化带化学成分

深度/m	分 层	样品号	主要化学成分/%					
			MnO_2	Fe_2O_3	SiO_2	Al_2O_3	CaO	MgO
0 ~ 2.8	黄色砂质黏土层	塘 1 ~ 3	0.34	15.18	38.44	29.63	0.38	0.47
2.8 ~ 3.2	豆状锰粒黏土层	塘 4	17.23	14.86	29.69	25.14	0.21	0.20
3.2 ~ 5.4	含氧化锰矿块黏土层	塘 5 ~ 7	20.39	20.81	20.67	21.55	0.29	0.28
5.4 ~ 6.8	褐色黏土层	塘 5 ~ 9	7.51	19.18	30.6	27.32	0.32	0.23
6.8 ~ 8	咖啡色胶状黏土层	塘 10	6.39	15.47	33.41	29.44	0.25	0.48
8 ~ 11.6	岩溶化钙质白云岩	塘 11	0.83	0.998	1.62	3.16	33.07	15.78
红土带平均值（0 ~ 8m）			10.37	17.1	30.56	26.62	0.29	0.33

注：分析方法为等离子体光谱定量分析。

表 5-19　平乐锰矿区银山岭东坡采场红土化带化学成分

深度/m	分　层	样品号	主要化学成分/%					
			MnO_2	Fe_2O_3	SiO_2	Al_2O_3	CaO	MgO
0~3	棕黄色砂质黏土层	银1~5	3.85	16.05	36.68	28.18	0.152	0.403
3~5	含锰粒棕色黏土层	银2~9	25.07	13.75	22.08	21.93	0.205	0.412
5~6.5	含锰块棕色黏土层	银10~12	23.65	15.76	22.3	21.81	0.206	0.378
6.5~7.2	红棕色胶状黏土层	银13	10.56	17.02	30.65	26.54	0.474	0.411
7.2~9	岩溶化钙质白云岩	银14	0.65	1.07	2.27	3.08	24.84	18.83
红土带平均值（0~7.2m）			15.78	15.65	27.93	24.62	0.259	0.401

表 5-20　荔浦锰矿区太平采场红土化带化学成分

深度/m	分　层	样品号	主要化学成分/%					
			MnO_2	Fe_2O_3	SiO_2	Al_2O_3	CaO	MgO
0~1.4	浅黄色砂质黏土层	荔8~9	2.3	11.74	48.98	25.21	0.142	0.509
1.4~3.8	黄色黏土层	荔7~6	2.44	13.93	46.43	28.0	0.122	0.445
3.8~7.2	含豆状锰矿棕色黏土层	荔5~4	7.82	14.93	38.48	26.7	0.312	0.429
7.2~9.7	棕黄色黏土层	荔3	2.62	14.81	43.41	28.55	0.234	0.358
9.7~10.7	棕黑色含锰黏土层	荔2	9.91	13.0	37.7	24.58	0.44	0.519
10.7~11.5	含锰棕黄色胶状黏土层	荔1	9.27	13.89	35.58	26.17	0.761	0.489
11.5以下	风化白云质灰岩							
红土带平均值			5.73	13.72	41.76	26.54	0.34	0.458

注：分析方法为等离子体光谱定量分析。

平乐锰矿区二塘矿段和银山岭采场红土化带 4~5 个分层中，上述 4 种成分总量的分布十分均匀，最高为 86.92%，最低为 82.53%，平均为 84.31%，离散系数很小。

荔浦矿区太平采场红土化带 6 个分层中，$MnO_2 + Al_2O_3 + SiO_2 + Al_2O_3$ 的含量最高为 90.8%，最低为 84.91%，平均为 87.75%。

红土化带 CaO + MgO 的含量一般不超过 1%，母岩经风化作用后，绝大部分 CaO 和 MgO 流失殆尽。

红土化带中几乎全部的 Al_2O_3 同约 90% 以上的 SiO_2 结合，生成了黏土类矿物（高岭石、多水高岭石），约 10% 以下的 SiO_2 呈微细粒石英存在。

Mn、Fe 是红土化带中主要的造矿元素，均呈高价氧化物形式产出。Fe 的含量在红土化带剖面上变化不大，一般含 Fe_2O_3 为 13%～17%，没有明显的富集地段。而 Mn 在红土化带剖面上含量变化较大，MnO_2 含量高者达 20% 以上，低者仅 1%～2%，且有一定的富集层段，形成具有工业价值的堆积氧化锰矿层。氧化锰与 SiO_2 的含量呈明显负相关，相关系数为 0.9622。

红土化带中微量元素含量见表 5-21。与相应层位的基岩（母岩）相比，各种微量元素的含量均有不同程度的富集。其中 Ti 的富集程度最高，平均含量达 1% 以上，是母岩中含量的 10 倍。

Sc 是红土化带中潜在价值最大的微量元素。据平乐二塘矿区-采坑红土经带不同分层 10 个样品的分析结果，最高含量高达 0.00884%，最低为 0.00272%，平均为 0.0042%。Sc 含量总体上随各分层中 MnO_2 的品位高低变化而增减。可以预见，二塘矿区锰精矿中 Sc 的含量很有可能超过 0.0088%。同时从表 5-21 中还可看出，Sc 的变量也不完全取决于 MnO_2 品位，在含 MnO_2 仅 0.34% 的黄色砂质黏土层中，Sc 的含量仍有 0.0027%；在含 $MnO_2$7% 左右的褐色锰土层和咖啡色胶状黏土矿中，Sc 的含量仍高达 0.0032%～0.0039%。红土化带的矿物组成以高岭土为主，其次为褐铁矿、硬锰矿、软锰矿、少量石英及微量矿物。

从平乐锰矿区红土化带中分离出来的黏土类矿物，经 X 射线粉晶分析和显微镜下鉴定，高岭土占黏土矿物的 90% 以上，镜下见多呈片状结构，少量呈粒状。

微量矿物含量一般超过 1%，主要有金红石、锆石、电气石等。

综上所述，红土化带可供综合利用的主要对象有高岭土、金红石、锆石及其他呈分散状态的 Sc、Co、Ni、V 等。尤其是 Sc、金红石及锆石三种组分在红土化带中的含量较高，在每吨红土中仅 Sc 的潜在价值便在 2～3 万元以上。

通过对以上组分的综合利用，基本上可以达到对广西堆积氧化锰矿围岩整体利用的目的。

此外，在广西的一些锰矿区，由于表生作用，含锰岩层经风化作用后，还形成了另一种比较特殊的风化产物——锰土。锰土层一般为棕黑色，泥质结构，层状或似层状构造，往往保留有原岩的产状和层位。同红土层一样，锰土层主要也是由黏土矿物和分散的氧化锰质点组成。锰含量一般较低，不具单独的工业价值。化学成分也与红土相比，除 MnO_2 含量普遍较高外，其余成分相近。对于这样一种风化产物，也应通过进一步的工作，查清其中所含的 Co、Ni、V、Sc、Ti、Zr 等微量元素的含量情况，考虑连同高岭土、Mn、Fe 等组分一起加以综合利用。

表5-21 平乐锰矿二塘矿区-采坑红土风化带微量元素含量

深度/m	分层	样品号	分析结果/%													
			La	Nb	Y	Sc	Sr	Ba	Ti	V	Co	Ni	Cr	Cu	Pb	Zn
0~2.8	黄色砂质黏土层	塘1	0.0115	0.0066	0.00405	0.00272	0.0109	0.0168	1.1488	0.0421	0.00312	0.00510	0.0229	0.00755	0.00627	0.0123
		塘2	0.0125	0.0068	0.00404	0.00273	0.0108	0.0169	1.1490	0.0428	0.00320	0.00560	0.0247	0.00928	0.00598	0.0131
		塘3	0.0135	0.0075	0.00410	0.00270	0.0116	0.0199	1.1740	0.0440	0.00301	0.00581	0.0241	0.00837	0.00762	0.0126
2.8~3.2	豆状锰粒黏土层	塘4	0.0235	0.0075	0.00454	0.00884	0.0196	0.3055	0.9303	0.0588	0.0286	0.0226	0.0332	0.0266	0.0389	0.0309
3.2~5.4	含氧化锰块黏土层	塘5	0.0250	0.0078	0.00816	0.00542	0.0548	0.2321	0.8740	0.0700	0.00754	0.0345	0.0293	0.0348	0.0193	0.0459
		塘6	0.0225	0.0060	0.00722	0.00455	0.0445	0.1372	0.7797	0.0706	0.0247	0.0712	0.0315	0.0329	0.0133	0.0469
		塘7	0.0190	0.0062	0.00764	0.00461	0.0567	0.1630	0.8840	0.0753	0.00964	0.0379	0.0255	0.0284	0.0148	0.0412
5.4~6.8	褐色锰土层	塘8	0.0150	0.0020	0.00636	0.00378	0.0282	0.0873	1.0651	0.0745	0.00893	0.0419	0.0267	0.0195	0.00896	0.0359
		塘9	0.0170	0.0076	0.00605	0.00320	0.0229	0.0677	1.1161	0.0687	0.00686	0.0298	0.0280	0.0148	0.00936	0.0318
6.8~8	咖啡色胶状黏土层	塘10	0.0270	0.0063	0.0134	0.00387	0.0206	0.0731	0.9586	0.0546	0.00537	0.0564	0.0294	0.0200	0.0103	0.0654
8~11.6	岩溶化钙质白云岩	塘11			0.00202	0.000395	0.00732	0.00675	0.0454	0.00589	0.00104	0.00517	0.00085	0.00311	0.00120	0.00428
	红土带平均值		0.0187	0.0070	0.0066	0.0042	0.0281	0.1119	1.0079	0.0601	0.0101	0.0311	0.0275	0.0202	0.0135	0.0336
	母岩平均值		0.00698	0.00177	0.00314	0.0010	0.0199	0.0383	0.1174	0.0209	0.00497	0.0262	0.0118	0.0101	0.00187	0.0199
	红土带平均值/母岩平均值		0.000268	0.000395	0.00021	0.00042	0.000141	0.000292	0.000859	0.000288	0.000203	0.000119	0.000233	0.0002	0.000722	0.000169

注：分析方法为等离子体光谱定量分析。

5.4 贫锰矿选矿尾矿的综合回收

目前，广西贫碳酸锰矿的开发利用暂时还未形成规模，所谓的选矿尾矿主要是指水洗作业产生的矿泥及机械选矿工艺过程中产生的低品位固体废弃物。

广西一些锰矿生产厂家，出于企业经济效益方面的原因，丢弃的尾矿中含锰量往往超过当初的试验指标，如大新锰矿尾矿中含锰达 17% 左右，东平锰矿区由洗矿作业而丢弃的矿泥，含锰量更是高达近 20%。此外，各锰矿山在过去的生产中，由于受当时技术水平和装备条件的限制，排放的尾矿含锰要比目前高出 3% ~ 5%。如大新锰矿库存约 100 万吨，平均含锰 28% 左右；天等锰矿库存尾矿也达数百万吨，平均含锰约 25%；平乐二塘、银山岭两座尾矿库堆存尾矿约 300 万余吨，平均含锰 20% 左右。这部分尾矿的排放，不仅浪费了广西的锰资源，同时其堆放也需要占用大量的土地资源，而且还会造成一定的生态环境污染。相关部门及生产企业应加强对选锰尾矿的回收利用，以减少堆放占地，减轻生态环境荷载，提高对不可再生资源的利用率。这些被浪费了的锰资源，如果是在原矿加工阶段就实行充分回收，在经济上恐怕是会得不偿失，但当这些组分进入尾矿后，再进行回收利用，由于可以享受国家有关优惠政策，在经济效益方面就具备了可行性。

大新、天等等部分矿山已经开始对尾矿库的尾矿进行二次利用工作，这是广西锰矿业回收利用尾矿的良好开端。不过目前还仅仅是采用简单的洗泥—分级等手段进行。二次回收精矿也同尾矿库的平均品位差不多，有的甚至还低于尾矿库尾矿的平均品位。其中大新锰矿已购进有永磁强磁选机等设备，正待安装，今后计划生产出合格的冶金锰产品。

平乐二塘尾矿库库址上正在建设工业园区，意味着数以百万吨计的尾矿资源将就此消失了。

对采自下雷矿区的矿泥作了初步的回收试验研究，所用的工艺方法即前述的亚硫酸钙法，取得了比较理想的结果。原矿泥含锰 17.32%，首先将其分成 +0.07mm 和 -0.007mm 两个粒级，产率分别为 0.67 和 0.33，含锰分别为 20.3% 和 15.6%。粗粒级采用 DCH 型电磁环式强磁选机进行强磁选，获得精矿品位为 37.15%、产率为 66.20%、回收率为 91.03%，磁选尾矿含锰 3.12%；细粒级采用亚硫酸钙法进行回收，浸出率达 94.92%，经过滤后，滤渣含锰 0.37%，滤液采用连二硫酸钙和石灰转化成人选富锰矿，含锰 50.30%。整个矿泥的综合回收率为 92.3%。

5.5 锰矿渣的回收利用

锰及其化合物主要是通过电解法和还原法制备得到，其中电解法约占生产锰及其化合物总量的95%以上。目前我国电解锰年产量占全球总量的98%，成为全球最大的电解锰生产国、消费国和出口国。但电解锰行业的快速发展也引发了严重的环境污染问题，其中以锰废渣污染最为突出。据统计，每生产1t电解锰所排放的酸浸锰渣量为7～9t。同时，随着锰矿品位越来越低，每吨电解锰产渣量会继续增加。我国电解锰企业大都将这些废渣筑坝湿法堆存，不仅占用大量土地，而且还会存在严重环境污染和安全隐患，大量有害元素可能会渗透到土壤、地表水和地下水中。因此，综合利用锰废渣，以最大限度地降低其危害，已迫在眉睫[13]。

电解锰渣的成分复杂，因此，其利用途径也是多种多样。国外主要是将锰矿渣作为生产水泥的配料以达到综合利用的目的。我国在20世纪90年代以后，也开展了一系列关于锰矿渣的综合利用研究。当前国内外综合利用锰渣资源，主要有以下几条途径[14]：

（1）用于水泥生产。

1）生产普通硅酸水泥。锰矿渣的物相主要是无定形玻璃体，具有较高的水化活性，在一定激发剂的作用下能发生水化反应而产生胶凝性，可作为水泥生料或水泥混合材料用于生产普通硅酸盐水泥。李文斌等将锰矿渣、镍渣、煤矸石和粉煤灰等多种固废按一定配比混合，在机立窑上焙烧至熟料来生产普通硅酸盐水泥。该水泥的力学性能及耐久性能均达到普通水泥标准。江西新余钢铁总厂对锰矿渣生产普通硅酸盐水泥进行了应用研究，结果表明每生产1t水泥可消耗锰矿渣860kg，年综合利用锰矿渣量可达到10万吨。

2）替代熟料晶种配料生产高标号水泥。蒋冬青等研究了锰矿渣替代熟料晶种配料煅烧制备高强度硅酸盐水泥熟料以及稳定生产高标号水泥的工艺方法，并阐述了锰矿渣替代熟料晶种配料的机理。湖南益阳裕民水泥有限公司对利用锰矿渣替代熟料晶种配料生产高标号水泥进行了生产实践，结果证明用锰矿渣作非熟料晶种可显著改善生料的易烧性，提高熟料质量，降低熟料热耗和生产成本，提高产量。

3）代替石膏作水泥缓凝剂。电解锰矿渣含较高的 $CaSO_4 \cdot 2H_2O$，加以利用可获得较好的经济效益与社会效益。冯云等利用陕西石头河电解锰厂锰矿渣代替石膏作水泥缓凝剂，研究表明该方案在理论、试验和生产实践上均是可行的。贵州省黔东水泥厂曾木森等也进行了相关研究，以铜津电解锰厂的工业废锰渣替代部分石膏用于水泥的生产，从而改变了该厂水泥颜色（原水泥颜色带黄色），并有效地改善了水泥地颗粒级配，为该厂带来了巨大的经济效益。

（2）用于生产灰渣砖。江西新余钢铁总厂以锰矿渣与高炉瓦斯灰作为原料，生产灰渣砖，该工艺无需焙烧，生产的灰渣砖不需要特别养护，室外自然放置7

天后，其抗压强度可达6.7~9.3MPa、抗折强度达1.7~2.4MPa。

（3）用于生产小型空心砌块。锰矿渣中混合入少量水泥，再加水搅拌均匀，经成型机成型即可生产小型空心砌块。辽宁省辽阳辽化朝阳水泥厂任素梅等利用辽阳铁合金厂高炉冶炼锰钢残留的锰矿渣制备空心砌砖，该砌块经室外自然养护后，可替代普通红砖应用于工业和民用建筑。砌砖单块重3~4kg；密度在750~850kg/m³范围内；导热系数为0.42W/(m·K)，2天吸水率为12.6%，10天吸水率为15.4%；平均抗压强度为4.8MPa，最低为3.7MPa；干缩率为0.62%；碳化系数为0.89；软化系数为0.92。并且该砌砖抹灰黏结效果和吸水性能优于传统黏土空心砖和加气混凝土砌块。

（4）用于混凝土生产。硅锰渣内存在含量较高的玻璃体，潜在胶凝活性较高，在一定激发剂的作用下其活性可得到发挥，用于混凝土的生产。水泥水化时产生的大量 Ca(OH)$_2$，以及水泥中含有的二水石膏可作为激发剂，在它们的作用下，锰渣超细微粒可发生二次反应生成可大幅提高混凝土强度的多种新物质。MpisesFria 研究发现在混凝土制备过程加入一定量预处理过的硅锰渣，混凝土的28d抗压强度比未加入锰渣的混凝土增大了约30%。辽宁省辽阳辽化朝阳二建总公司将烘干、粉碎后的硅锰渣超细微粒、水、沙子、水泥和碎石混合，再加入少量的减水剂，制备得到的混凝土3天抗压强度即达到普通混凝土7天的强度，混凝土强度增幅达10%~20%。

（5）用作路基材料。锰矿渣经过粉碎筛分后的不同粒度的锰矿渣，可作为铁路道砟，代替土石料用于道路路基、底基层、基层及路面的筑造。Abbas 已用锰矿渣代替碎石，用作路基材料，强度比原来提高了10%。并其锰矿渣的利用可减少石料的开采，有利于保持土壤及植被；查进等也进行了磷渣、锰渣用于路面基层材料的研究。

（6）用锰渣制微晶玻璃研究。王志强等研究表明以锰矿渣和碎玻璃为主要原料，在适当的工艺条件下能够制备出性能良好并具有很好装饰效果的微晶玻璃。

（7）用于制备光泽银黑釉。陈翼渝等利用锰渣代替软锰矿制备可供建筑陶瓷川的光泽银黑釉，该釉料结晶致密，玻化充分，釉面与坯体熔附性能良好，光泽度、抗冻性、抗渗性等性能也十分优异。

（8）用锰矿渣制造锰肥。锰是植物生长发育必需的营养元素。作为稻、麦、果树用肥，水溶性锰具有速效性而无长效性；而构溶性锰（即柠檬酸可溶性）不仅可作为优质锰肥，而且是很好的土壤改良剂，并具有长效性。利用锰废渣生产锰肥，在日本已使用了近30年，对植物生长和土壤改良具有良好效果。邓建奇对利用废锰矿渣制备锰肥进行了工艺研究，试验表明利用废锰渣生产锰肥，具有工艺简单、技术路线可靠、投资少、见效快等优点，生产得到的锰肥，可明显增加土壤肥力、提高作物产量、改善农作物品质,是一种投入少、增产效益显著的肥料。

(9)用锰矿渣制备地质聚合物。马帅等以锰矿渣为主要原材料,开展了综合利用锰矿渣制备地质聚合物的试验研究。通过其聚合物强度的测试分析,研究了锰矿渣掺入量对地质聚合物力学性能的影响,并利用 XRD、SEM 等分析方法研究该类聚合物的物相性质,证明了利用锰渣制备地质聚合物的可行性。试验结果表明锰渣最佳掺入量为 80%,制备得到的地质聚合物前期力学强度较大,抗折强度在 5MPa 以上、抗压强度在 62.5MPa 以上。

总之,随着我国电解锰工业的迅速发展,锰矿渣的排放量快速增大。由于我国排放的大量电解锰渣没有得到较好的综合利用,大量的锰废渣堆积侵占土地、污染环境、造成公害。因此,锰渣资源化利用成为锰行业可持续发展的关键。在对锰渣化学组成、矿物组成等理化性质研究基础上,锰渣在制备水泥工艺、建筑陶瓷砖、工艺陶瓷等方面的探索是锰渣综合利用的重要途径,世界各国专家和学者也都在研究寻求锰渣利用新途径。

****

参 考 文 献

[1] 车小奎,邱沙,罗仙平. 常压酸浸法从硅镍矿中提取镍的研究[J]. 稀有金属,2009,33(4):582~585.

[2] 烟伟,金作美,周惠南. 硫酸化焙烧从锰矿中回收钴[J]. 化工冶金,1997,18(1):18~22.

[3] 刘大星. 从镍红土矿中回收镍、钴技术的进展[J]. 有色金属:冶炼部分,2002(3):6~10.

[4] 徐彦宾,谢燕婷,闫兰,等. 硫化物沉淀法从氧化镍矿酸浸液中富集有价金属[J]. 有色金属(冶炼部分),2006(6):8~10.

[5] 王福兴,黄松涛,罗伟,等. 萃取法处理低镍钴浸出液的工艺研究[J]. 稀有金属,2011,35(5):753~758.

[6] 温建康,阮仁满. 高砷硫低镍钴硫化矿浸矿菌的选育与生物浸出研究[J]. 稀有金属,2007,31(4):537~542.

[7] 邱沙,车小奎,郑其,等. 红土镍矿硫酸化焙烧-水浸实验研究[J]. 稀有金属,2010,34(3),406~412.

[8] 王明玉,王学文,蒋长俊,等. 镍钼矿综合利用过程及研究现状[J]. 稀有金属,2012,36(2):321~328.

[9] 吴巍,张洪林. 废镍氢电池中镍、钴和稀土金属回收工艺研究[J]. 稀有金属,2010,34(1),79~84.

[10] 唐娜娜,马少健,莫伟. 从某锰矿浸渣中回收钴的浮选试验研究[J]. 有色矿冶,2006,

2：8~9.

[11] 田宗平. 硫酸锰生产新工艺的研究[J]. 中国锰业, 2010, 28(2):26~29.

[12] 解红钰. 电解金属锰的调查与研究[J]. 湖南有色金属, 1988, 4(5):39~41.

[13] 吴伟金. 电解锰浸渣的综合利用研究进展[J]. 大众科技, 2013, 15(6):92~95.

[14] 刘唐猛, 钟宏, 尹兴荣, 等. 电解金属锰渣的资源化利用研究进展[J]. 中国锰业, 2012, 30(1):1~6.

冶金工业出版社部分图书推荐

书　　名	定价(元)
现代生物质能源技术丛书	
沼气发酵检测技术	18.00
生物柴油检测技术	22.00
生物柴油科学与技术	38.00
生物质生化转化技术	49.00
采矿手册(第1卷~第7卷)	927.00
选矿手册(第1卷~第8卷,共14分册)	637.50
采矿工程师手册(上、下)	395.00
现代采矿手册(上册)	290.00
现代采矿手册(中册)	450.00
现代采矿手册(下册)	260.00
实用地质、矿业英汉双向查询、翻译与写作宝典	68.00
矿山及矿山安全专业英语	38.00
现代金属矿床开采技术	260.00
海底大型金属矿床安全高效开采技术	78.00
浮选机理论与技术	66.00
现代选矿技术丛书	
铁矿石选矿技术	45.00
提金技术	48.00
矿物加工实验理论与方法	45.00
地下装载机	99.00
现场混装炸药车	78.00
低品位厚大矿体开采理论与技术	33.00
采矿知识500问	49.00
选矿知识600问	38.00
金属矿山安全生产400问	46.00
煤矿安全生产400问	43.00
矿山尘害防治问答	35.00
金属矿山清洁生产技术	46.00
地质遗迹资源保护与利用	45.00
物理性污染控制	48.00